Stratis Karamanolis

Zurück zur SONNE

Photovoltaik und Solarwasserstoff
für eine neue Weltenergie-Konzeption

ELEKTRA

ISBN 3-922238-96-3

Nibelungenstraße 14
8014 Neubiberg b. München
Tel.: (089) 601 13 56
Fax: (089) 601 5067

Zeichnungen: Inge Seidel
Satz und Druck: Heil-Druck, K. Neisius, Bad Ems
Printed in West Germany

Augustin Bernard Mouchot (1825 - 1912), dem Pionier der Sonnenenergie und dem Manne gewidmet, der bereits vor hundert Jahren als erster die Bedeutung des Solarwasserstoffs als Energieträger erkannte.

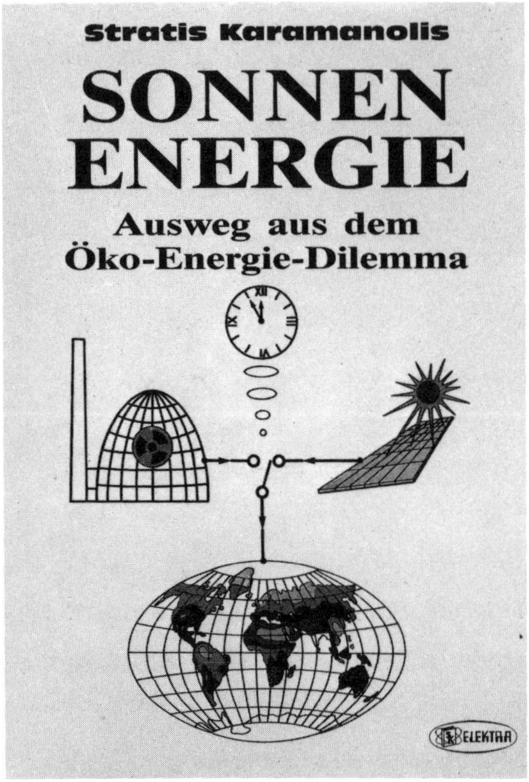
Stratis Karamanolis
SONNEN
ENERGIE
Ausweg aus dem
Öko-Energie-Dilemma
ELEKTRA

Inhaltsverzeichnis

Vorwort

Wir leben derzeit in einer Welt, die ihren ökoenergetischen Bankrott bereits erklärt hat. Industrialisierung, Militarisierung, die Explosion der Weltbevölkerung und nicht zuletzt der Wohlstand der Industrieländer haben dazu geführt, daß unser Heimatplanet bis an die äußerste Grenze ausgeblutet ist.

Zwar ist diese Problematik jedermann bekannt, doch niemand sieht sich imstande, auch nur die bedrohlichste Gefahr, d.h. die heraufziehende Klimakatastrophe, zu verhindern.

- Fach- und sonstige Publikationen warnen täglich vergeblich vor der heraufziehenden Gefahr.
- Nobelpreisträger haben an den Präsidenten der USA appelliert, sich für die Eindämmung des Treibhauseffekts zu verwenden, doch blieb ein Versuch der amerikanischen Regierung, andere Staaten zur Mitwirkung bei der Lösung des Problems zu gewinnen, ohne Erfolg.
- Computersimulationen von IPCC (**I**ntergovernmental **P**anel of **C**limate **C**hange, dt. „zwischenstaatlicher Klimaausschuß") signalisieren eine globale Erwärmung von ca. 1 ° C bis zum Jahre 2030 und von ca. 3 ° C bis zum Ende des nächsten Jahrhunderts, falls die Treibgasemissionen bis dahin nicht drastisch vermindert werden. Auch diese Warnung blieb bislang unbeachtet.
- Vermutungen über mögliche psychologische Auswirkungen der drohenden Klimaveränderungen auf die Bevölkerung scheinen sich mittlerweile zu bestätigen. So zeigte beispielsweise eine Umfrage im Jahre 1988, daß 70% der Amerikaner die Beeinträchtigung der Umwelt für ein ernstes Problem halten. Auch Umfrageergebnisse dieser Art haben kein Umdenken bewirkt.

- Auswirkungen der Klimaveränderung auf die Nahrungsmittelproduktion, die Wasserversorgung usw. haben vor dem Hintergrund der Weltbevölkerungsexplosion mittlerweile besorgniserregende Ausmaße angenommen. Ungeachtet dessen bleibt alles beim alten.

Zu der genannten Ökoproblematik, die eine unverzügliche Lösung verlangt, kommt langfristig die Energieproblematik hinzu, die sowohl mit der fragwürdigen Kernenergie als auch mit der Tatsache zusammenhängt, daß die fossilen Energieträger Kohle, Erdöl und Erdgas in absehbarer Frist zu Ende gehen, so daß die Suche nach neuen Energiequellen unausweichlich wird.

Zur Lösung der Gesamtproblematik ist nach allen zur Verfügung stehenden Erkenntnissen derzeit allein die Sonnenenergie geeignet - eine Auffassung, die mittlerweile von berufener Seite geteilt und unterstützt wird. Der Astrophysiker, Philosoph und Friedensforscher Carl Friedrich von Weizsäcker betrachtet *„die Sonne als Hauptenergiequelle des nächsten Jahrhunderts"*, und der Zukunftsforscher Robert Jungk vertritt die Ansicht, daß *„das Herbeiführen des Sonnenzeitalters die Schicksalsfrage für die Zukunft der Menschen"* sei. Wernher von Braun äußerte bereits im Jahre 1973: *„Wir stehen an der Schwelle eines neuen Zeitalters, das als Sonnenzeitalter bezeichnet werden könnte."*

Die Kernfrage besteht lediglich darin, welcher der denkbaren Wege einer Nutzung der Sonnenenergie der richtige ist. Derzeit verdichten sich die Anzeichen, daß die beste Lösung von der Kooperation von Photovoltaik und Solarwasserstoff zu erwarten ist. Denn auf diesem Wege kann nicht allein die ökologische, sondern auch die energetische Problematik der Gegenwart mit einem Schlage gelöst werden.

Die künftige Weltenergie-Konzeption muß sich daher auf zwei Elementarteilchen stützen: Das Elektron und das Proton. Ersteres steht symbolisch für die Elektrizität, beide zusammen stehen für den Wasserstoff, dabei speziell für den Solarwasserstoff.

Unsere künftige Landschaft muß also durch die Farben Grün und Blau geprägt sein. Grün verkörpert ein intaktes Öko-System, Blau verkörpert die Photovoltaik und die damit verwendeten blaufarbigen Solarzellen.

Das vorliegende Buch versucht, die angesprochene Problematik so zu beschreiben, daß die Darstellung auch dem unvorbereiteten Laien zugänglich ist.

In der Hoffnung, dieses Ziel nicht verfehlt zu haben, wünsche ich dem Leser zum einen eine angenehme, zum anderen eine zum Nachdenken anregende Lektüre. Denn die Öko-Energie-Problematik verlangt das Mitdenken jedes einzelnen, damit Kollektivfehler, wie sie sich die Menschheit bisher im Übermaß geleistet hat, künftig vermieden werden.

München, 1992 Der Verfasser

Alles über SOLARZELLEN

Ein Handbuch für Anwender

185 S., 120 Abb., ISBN 3-922238-78-5

Gegenstand des vorliegenden Buches ist die Gewinnung von elektrischer Energie aus Sonnenstrahlung und die damit verbundene Solarzellentechnik mit ihren ungezählten Anwendungen in dezentraler (Energiequelle für konkrete Einzelverbraucher) und zentraler Form (Solarkraftwerke zur Gewinnung größerer Energiemengen im Bereich von mehreren bis hunderten von MWe).

Einleitung

Wenn wir heute hoffnungsvoll an eine neue und zugleich umweltfreundliche Weltenergie-Konzeption auf der Basis des Solarwasserstoffs denken, so handeln wir damit schon allein deswegen richtig, weil wir nichts anderes tun, als in die Fußstapfen der Natur zu treten. Wasserstoff wird bekanntlich von der Natur seit eh und je uneingeschränkt sowohl als Rohstoff als auch als Energieträger eingesetzt.

Wie die übrigen Fixsterne, so besteht auch unsere Sonne vorwiegend aus Wasserstoff, und Wasserstoff stellt die Quelle dar, aus der die Sterne ihre Energie schöpfen. Dabei wird durch Kernfusionsprozesse fortwährend Wasserstoff in Helium umgewandelt und zugleich Energie in Form von Strahlung freigesetzt. Wasserstoff weist mithin wahrlich kosmischen Charakter auf.

Auch im Kreislauf der Natur unseres Planeten spielt Wasserstoff eine entscheidende Rolle. Er wird durch die Photosynthese aus Wasser gewonnen und anschließend genutzt, um mit Hilfe von Kohlendioxid Kohlehydrate, Fett und Eiweiß zu bilden. Überdies stellt Wasserstoff die Basis für das Wasser selbst dar, wie es auch die griechische Bezeichnung ὑδρογόνον (dt. *„Stammvater des Wassers“*) anzeigt. Eine Ahnung dieser Zusammenhänge verrät bereits Thales von Milet (um 624-546 v. Chr.), der das Wasser als den „Urgrund“ oder die „Ursubstanz“ (gr. οὐσία) aller Dinge betrachtete.

Welche Bedeutung spätere Denker dem Wasser beigemessen haben, belegt das Zeugnis Pindars, der im 4. Jahrhundert vor Christi Geburt den bekannten Ausspruch tat: „Ἄριστον μὲν ὕδωρ“ (dt. *„Das Beste aber ist das Wasser“*).

Auch andere Urvölker erblickten im Wasser intuitiv die Allmacht und den Urstoff der Schöpfung. Daher ist es nicht verwunderlich, daß man in zahlreichen Mythen, Wassergottheiten begegnet. So stand nach der Ansicht des Korans Gottes Thron auf dem Wasser, und die Bibel beschreibt Gottes Geist als über den Wassern schwebend. Jules Verne (1828-1905) läßt in seinem im Jahre 1870 erschienenen Science-Fiction-Roman „20000 Meilen unter dem Meere“ Kapitän Nemo prophezeien, daß der Kraftstoff der Zukunft aus dem Wasser gewonnen wird.

In der Tat ist Wasser sowohl im Weltall als auch auf Erden reichlich vorhanden. Die Weltozeane enthalten $1{,}37 \cdot 10^{18}$ m^3 Wasser, was mehr als $1{,}37 \cdot 10^{21}$ kg ausmacht. Etwa $4{,}45 \cdot 10^{14}$ m^3 Wasser verdampfen jährlich und sorgen dafür, daß die Hydrosphäre der Erde intakt bleibt.

Der Mensch selbst besteht zu ca. 70%, andere Lebewesen gar zu 95% aus Wasser. Auch der Wasserverbrauch des Menschen ist hoch: Jeder Mensch trinkt täglich ca. 2 kg Wasser oder sonstige wasserhaltige Flüssigkeiten und verbraucht jährlich ca. 1500 m^3 zusätzlich (Industrieländer). Bei einer Weltbevölkerung von 6 Milliarden Menschen, wie sie für das Jahr 2000 erwartet wird, und einem jährlichen Durchschnittsverbrauch von 1000 m^3, sind $6 \cdot 10^{12}$ m^3 Wasser pro Jahr erforderlich.

Heute wissen wir, daß Wasser (H_2O) weder den Urstoff noch den grundlegenden Energieträger der Welt repräsentiert, sondern eine chemische Verbindung von zwei Teilen Wasserstoff (H_2) und einem Teil Sauerstoff (O) darstellt. Auch der Grund seiner Entstehung ist seit langem bekannt. Von 10 000 Atomen im Universum sind nämlich 9 200 Wasserstoffatome, 790 Heliumatome, 5 Sauerstoffatome, 2 Neonatome, 2 Stickstoffatome und 1 Kohlenstoffatom. Alle übrigen chemischen Elemente kommen sehr selten vor. Da Helium und Neon keine chemische Verbindung mit anderen Stoffen eingehen, kommen hierfür in erster Linie Wasserstoff und Sauerstoff in Frage, durch deren Verbindung Wasser entsteht. Im Labor wurde diese Verbindung jedoch erst im Jahre 1781 entdeckt, als Antoine Lavoisier feststellte, daß durch die Verbrennung von Wasserstoff unter der Einwirkung von Sauerstoff neben Wärmeenergie auch Wasser entsteht. Die Entdeckung des Wasserstoffs selbst erfolgte einige Jahre zuvor (1766) durch Henry Caventish, der ihm den Namen *„brennende Luft“* gab, weil er die Feststellung machte, daß das neuentdeckte chemische Element entzündlich ist.

Die Idee, Wasserstoff - speziell Solarwasserstoff - als Energieträger zu verwenden, wurde zuerst in der zweiten Hälfte des 19. Jahrhunderts

Bild 1: Im Rahmen einer künftigen Solarwasserstoff-Energiewirtschaft wird die Landschaft statt durch atomare bzw. konventionelle Kraftwerke (oben) durch Solarkraftwerke (unten) geprägt sein.
(Fotos: Firma Rheinische Braunkohlenwerk AG / Firma RWE)

geäußert. Sie stammt von dem französischen Pionier der Sonnenenergie Augustin Bernard Mouchot (1825 - 1912). Liest man heute die genialen Ausführungen in seinem im Jahre 1869 erschienenen Buch *„La Chaleur Solaire et Ses Applications Industrielles“* (dt. *„Die Sonnenwärme und ihre industriellen Anwendungen“*[1]), so kann man nur darüber staunen, was dieser Mann vor mehr als hundert Jahren erdacht und auch experimentell nachgewiesen hat. So entwickelte er beispielsweise die erste solarbetriebene Dampfmaschine sowie den ersten funktionstüchtigen Solarherd. Überdies destillierte er unter Verwendung der Sonnenenergie Weinbrand und erzeugte mit ihrer Hilfe Eis. Über die Gewinnung von Solarwasserstoff berichtet er in dem genannten Buch folgendermaßen:

„Vielleicht noch verlockender ist die Idee, mittels der Sonnenwärme Wasser zu spalten und den so freiwerdenden Wasserstoff und Sauerstoff in getrennten Gasometern aufzubewahren. Denn wenn diese Gase sich erneut verbinden, entsteht bekanntlich die intensivste Wärme, die der Menschheit zur Verfügung steht. Außerdem könnte man den Wasserstoff zur Beleuchtung verwenden, und kostengünstig produzierter Sauerstoff würde eine seit langem offene Lücke schließen. Aber wie läßt sich mit Hilfe der Sonne Wasser spalten? Meiner Meinung nach könnten Thermosäulen, die schon hervorragend funktionieren, dieses Problem lösen. Ein abwechselnd aus Eisen und Kupfer zusammengelöteter Metallfaden erzeugt einen Strom, wenn man zum Beispiel die Lötstellen 1, 3, 5 und 7 erhitzt, während die anderen ihre normale Temperatur behalten; bei einer großen Anzahl von Lötstellen zwischen Eisen und Kupfer kann dieser Strom Wasser spalten. Die eben beschriebene Anordnung ist allerdings nicht praktisch, da jede Lötstelle mit ungerader Ordnungszahl eigens erhitzt werden muß. Aber nichts spricht dagegen, daß man den Faden sternförmig zusammenlegt, so daß die Lötstellen mit ungerader Ordnungszahl in der Mitte zusammentreffen, während sich die geraden Lötstellen an den Sternspitzen befinden; die so geformten Sterne können dann übereinandergelegt werden. Auf diese Weise braucht man nur die inneren oder ungeradzahligen Lötstellen mit einer Gasflamme zu erhitzen, während die äußeren, geradzahligen Lötstellen kalt bleiben, um ei-

---

[1] Olynthus Verlag, Oberbözburg, Schweiz

nen kräftigen Strom zu erzeugen. Leider darf die Thermosäule nicht die Höhe der Gasflamme überschreiten; wenn man aber die Eisen- und Kupferelemente durch bessere Materialien ersetzen würde, könnte man, wie es Herr Clamond schon bewiesen hat, diesen Nachteil weitgehend vermeiden.

Schon vor langer Zeit habe ich in dieser Richtung einige erfolgverheißende Versuche unternommen. Ich hatte schon mit einigen ganz einfachen Apparaten beachtliche Ströme erzeugt, als ich mit dem exzellenten Mechaniker Herrn Jobert in Verbindung trat, der sich mit demselben Problem beschäftigte und der mir eine sternförmige Thermosäule mit 100 Elementen baute. Im Jahre 1869 erzeugte ich damit in der Sonne einen starken Strom, der jedoch die Zinnlötstellen schmelzen ließ. Aber der seitdem von Herrn Clamond erzielte Erfolg bestärke uns in unserer gemeinsamen Hoffnung. Herr Paul Bert wird es mir gestatten, daß ich hier seine ermutigenden Berichte erwähne, die er mir über den jahrelangen Einsatz einer Clamondschen Thermosäule in seinem Laboratorium zukommen ließ. Ich wiederhole noch einmal, daß die Spaltung von Wasser mittels einer Thermosäule das Hauptziel des mir neuerlich anvertrauten Forschungsauftrags in Algerien sein wird."

Mouchots geniale Konzeption des Solarwasserstoffs blieb allerdings ein Jahrhundert lang so gut wie unbeachtet. Der Grund dafür liegt wahrscheinlich darin, daß in dieser Zeit weder energetische noch ökologische Probleme bewußt wurden. Erst während der 50er Jahre wurde der Gedanke vielerorts aufgegriffen. Zu den Pionieren der Solarwasserstofftechnik zählt hierzulande der Braunschweiger Professor Eduard Justi. Der für die Wasserelektrolyse erforderliche Strom sollte diesmal nicht aus Thermoelementen, sondern durch Solarzellen gewonnen werden.

Ins Zentrum der Aufmerksamkeit rückte jedoch der Gedanke des Solarwasserstoffs erst durch die beiden Ölkrisen der 70er Jahre, die mit einem Schlage verdeutlichten, daß die Menschheit nicht allein mit einer energetischen, sondern auch mit einer ökologischen Krise bereits konfrontiert ist.

Heute, wenige Jahre vor der Jahrtausendwende, stellt der Gedanke des Solarwasserstoffs den Hoffnungsträger für die Lösung der angesprochenen Problematik dar. So kommen beispielsweise die Princeton University und das World Resources Institute in einer gemeinsamen Studie[2)] zu dem Ergebnis, daß die Solarwasserstoffwirtschaft die optimale Lösung der bestehenden Öko-Energie-Problematik verspricht. Diese Studie trifft überdies einen bemerkenswerten Vergleich zwischen Photovoltaik und Kernenergie, indem sie feststellt, daß die Solarenergie in kurzer Zeit bei weitem attraktiver werden dürfte als die Kernenergie.

Die unbestrittenen Vorteile des Wasserstoffs haben dazu geführt, daß er selbst von den Befürwortern der Kernenergie als künftiger Energieträger in Betracht gezogen wird. Die Sache hat jedoch einen Haken. Die Kernenergiewirtschaft plädiert zwar für den Wasserstoff, nicht jedoch für den Solarwasserstoff. Vielmehr soll etwa in der Nachtzeit, wo in der Regel ein Stromüberschuß vorhanden ist, mit Hilfe von Kernenergiestrom durch Wasserelektrolyse Wasserstoff gewonnen werden. Ein unsinniger Vorschlag also, weil dadurch die Kernenergie nicht abgelöst wird.

Die Vision einer von fossilen und nuklearen Energieträgern unabhängigen Weltenergie-Konzeption auf der Basis von Solarwasserstoff zeichnet sich also zunehmend deutlicher ab. Es ist lediglich eine Frage des politischen Willens, ihre Realisierung in Angriff zu nehmen. Dafür sind realistischerweise Zeiträume von 30 bis 50 Jahren ins Kalkül zu ziehen, und die erforderlichen Investitionen sind beträchtlich. Sie sind jedoch nicht nur vertretbar, sondern zwingend erforderlich, da die unabdingbare Bewahrung der Umwelt keine andere Wahl erlaubt. Diese Einsicht muß Gemeingut werden, bevor der Menschheit endgültig die Stunde Null schlägt. Solarwasserstoff als Energieträger, als Rohstoff und auch als Mittel einer neuen Müllentsorgungstechnologie ist das einzige Heilmittel für die selbstverschuldete Öko-Katastrophe, die wir keineswegs unseren Kindern und Enkeln als unerbetenes Erbe hinterlassen dürfen.

[2)] Ogden,J./William, R. H.: Solar Hydrogen, Moving Beyond Fossil Fuels, World Resources Institute, Washington DC,1989.

1 Die Öko-Katastrophe: Alarmsignale ohne Auswirkungen

Was die Natur über Jahrmillionen mühselig und wohlüberlegt aufgebaut hat, hat der Mensch binnen weniger Jahrhunderte vernichtet. Wälder sind abgeholzt und fossile Energieträger nahezu aufgebraucht worden. Dramatische Klimaveränderungen stehen bevor. Mehr als 400 *„künstliche Sonnen"* in Gestalt von Kernkraftwerken *„schmücken"* unsere Erde und halten beständig die Gefahr einer globalen Katastrophe wach. Daß wir mit zunehmender Geschwindigkeit einer irreversiblen Umweltkatastrophe zusteuern, ist weltweit auch dem blutigsten Laien bekannt. Jedermann weiß also, daß das Raumschiff *„Erde"* zu sinken beginnt, doch niemand ist derzeit willens und imstande, konkrete Rettungsmaßnahmen einzuleiten. Sind wir als Passagiere dieses Schiffes also wissentlich Selbstmörder, oder wissen wir uns tatsächlich nicht zu helfen? Die Antwort auf diese Frage ist meines Erachtens eng mit der Eigenheit der Gattung *„Mensch"* verbunden, die hinsichtlich ihrer Beutegier im Tierreich ihresgleichen sucht. Wirtschaftsinteressen versperren Wege, die jeder einzelne im Interesse der Allgemeinheit freizuhalten verpflichtet wäre. Die kleinen und großen Beispiele dafür sind allseits bekannt und werden fortwährend öffentlich diskutiert, ohne daß ein Umdenken zu verzeichnen wäre. Chemie-, Lebensmittel-, Kernenergie- und andere Affären wären vermeidbar, wenn wirtschaftliche Interessen ihre vorrangige Stellung verlieren würden. Da wir Menschen die eigenen Schwächen sehr wohl kennen, müssen wir stets bemüht sein, dem Primat einseitigen Profitdenkens entgegenzuwirken, um das Ausmaß der Ausbeutung von Mensch und Natur in Grenzen zu halten.

Verlassen wir jedoch diese Thematik, und schauen wir uns die aktuelle Öko-Problematik an, um das eigentliche Anliegen der vorliegenden Ausführungen zu verdeutlichen. Technischer Fortschritt und der damit einhergehende Wohlstand haben bis zum heutigen Tag einen überaus hohen Preis gefordert. Die auf diesem Wege eingetretene Schädigung der natürlichen Umwelt des Menschen hat mittlerweile Ausmaße angenommen, die kaum mehr überschaubar sind. Ungeachtet dessen bleiben Alarmsignale wie die Chemiekatastrophen von Basel und Seveso, die Atomkatastrophe von Tschernobyl im Jahre 1986, die mit knapper Not vermiedene Katastrophe von Harrisburg im Jahre 1979 sowie die Hungersnöte in den Entwicklungsländern ohne Echo. Hinzu kommen langfristig wirkende Umweltschäden, die aus der eingetretenen Verseuchung von Wasser, Luft und Boden resultieren, sowie die Schädigung der das irdische Leben schützenden Ozonschicht. Radioaktive Abfälle durch Kernkraftwerke und sonstige zivile und militärische Anwendungen der Kernenergie sowie die Aufrüstung insbesondere durch chemische, biologische und atomare Waffen stellen weitere Umweltbedrohungen dar, deren Auswirkungen nicht zu unterschätzen sind. In den gleichen Problemkreis gehören die grassierenden Viruserkrankungen und nicht zuletzt die Explosion der Weltbevölkerung. An erster Stelle aber steht die Problematik der Klimaveränderung, die bekanntlich mit dem vielbesprochenen Treibhauseffekt zusammenhängt.

Die Erde empfängt aus der Sonne fortwährend enorme Energiemengen in Form von Strahlung, die aus einem Gemisch von kurz- und langwelligen Strahlungsanteilen besteht. Dieses Strahlungsgemisch erfährt zwar durch die Erdatmosphäre eine gewisse Reflexion, doch erreicht ein großer Teil davon die Erdoberfläche. Dort wird ein Teil der Strahlung reflektiert, ein anderer Teil dagegen absorbiert. Durch die Absorption steigt naturgemäß die Temperatur der Erdoberfläche, wodurch die Erde gleichsam zu einem Strahler wird, der Wärmestrahlung emittiert.

Je höher die Temperatur eines Strahlers ist, desto höher ist die Frequenz bzw. desto kürzer die Wellenlänge der emittierten Strahlung. Der Umstand, daß die Erde aufgrund der Sonnenstrahlung eine Durchschnittstemperatur von 15 °C aufweist, hat zur Folge, daß sie als eine Art *„Heizkörper“* wirkt, der Wärme in den Weltraum abstrahlt. Diese Niederfrequenzstrahlung kann aber aufgrund der vorhandenen Erdatmosphäre nicht ungehindert entweichen, so daß ein Teil davon zur Erde zurückkehrt und sie zusätzlich erwärmt. Ursache dafür sind die in der Erdatmosphäre vorhandenen Treibgase, darunter das Kohlendioxid

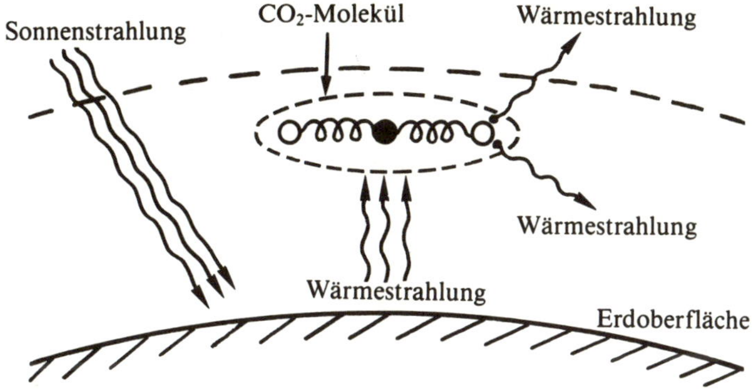

Bild 2: Erläuterung des Treibhauseffekts anhand eines Kohlendioxid-Moleküls (CO_2) (Genaueres im Text).

(CO_2). Trifft nämlich die genannte Wärmestrahlung auf ein Kohlendioxid-Molekül, das aus einem Kohlenstoff- und zwei Sauerstoffatomen besteht (vgl. Bild 2), so beginnt dieses zu schwingen und zu rotieren, wodurch es Energie absorbiert. Zugleich aber strahlt es einen Teil der aufgenommenen Energie in alle Richtungen, darunter in Richtung der Erdoberfläche. Die Erdoberfläche erhält also auf diese Weise einen Teil der von ihr reflektierten Wärmestrahlung zurück und wird somit zusätzlich erwärmt.

Andere in der Erdatmosphäre vorhandene Treibgase - vor allem Wasserdampf, Ozon, Methan, Lachgas und Fluorchlorkohlenwasserstoffe (FCKWs) - wirken ähnlich und tragen zur zusätzlichen Erwärmung der Erdatmosphäre bei. Alle diese Gase wirken gleichsam wie das Glasdach eines Treibhauses, obgleich der Vergleich nur bedingt zutrifft: Im Falle eines Treibhauses verhindert nämlich das Glasdach, daß warme Luft entweichen kann, in der Erdatmosphäre dagegen ist eben die Luft, d.h. die darin befindlichen Gase, dafür verantwortlich, daß die Wärmestrahlung nicht ins Weltall entweichen kann. Ändern sich also die Gasverhältnisse in der Erdatmosphäre, so ändern sich auch die Temperaturverhältnisse. Durch eine Steigerung beispielsweise des Kohlendioxidgehalts steigt naturgemäß auch die Temperatur der Erdatmosphäre. Lag die Konzentration des Kohlendioxids vor etwa 40000 Jahren bei nur 200 ppm (parts per million), so stieg sie, wie Messungen von Luftblasen im antarktischen Eis erweisen, bereits vor etwa 1000 Jahren auf 270 ppm an. Heute liegt sie bei etwa 350 ppm (vgl. Bild 3)

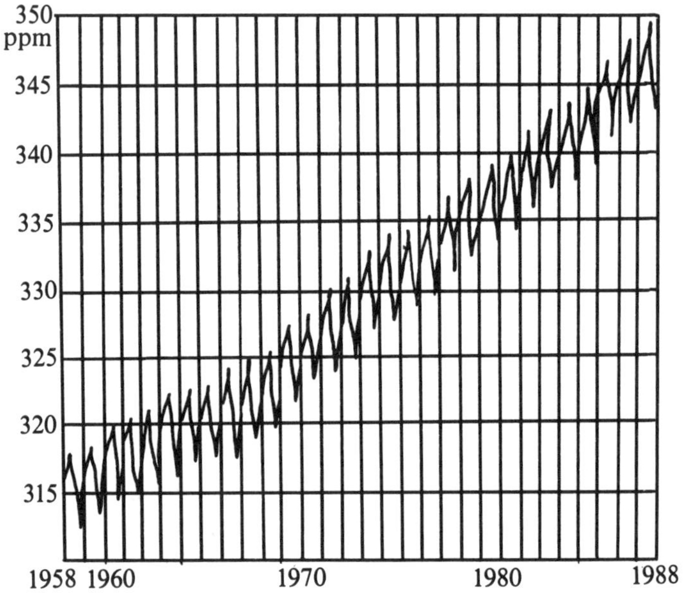

Bild 3: Zunahme des Kohlendioxidgehalts in der Erdatmosphäre zwischen 1958 und 1988.

und nimmt beständig zu. Ursache dafür sind unabweisbar die verschiedenen anthropogenen Emissionen. Zur Zeit werden beispielsweise rund 5,3 Mrd. Tonnen Kohlenstoff in Form fossiler Energieträger (Kohle, Erdöl, Erdgas) jährlich verbrannt. Hinzu kommen enorme Kohlenstoffmengen durch die Verbrennung von Biomasse, dabei vor allem von Baumholz. Man schätzt sie auf etwa $2 \cdot 10^{12}$ kg, so daß sich die Gesamtmenge des abgestoßenen Kohlenstoffs auf etwa $7{,}5 \cdot 10^{12}$ kg jährlich beläuft. Diese Menge entspricht etwa 1% der Kohlenstoffmenge, die die Erdatmosphäre derzeit insgesamt enthält ($7 \cdot 10^{14}$ kg). Dabei sind die Industrieländer mit etwa 86%, die Entwicklungsländer mit nur

14 % am globalen CO_2-Ausstoß aus den fossilen Energieträgern beteiligt.

Die genannte CO_2-Konzentration von etwa 350 ppm variiert im übrigen zwischen etwa 400 ppm nachts in der Nähe der Erdoberfläche und etwa 300 ppm mittags über den Wäldern. Die Differenz hängt offensichtlich mit der Photosynthese zusammen, durch die bekanntlich Kohlendioxid verbraucht wird und unter Freisetzung von Sauerstoff Biomasse entsteht.

Verläßliche Meßwerte der CO_2-Konzentration in der Erdatmosphäre liegen erst seit dem Ende der 50er Jahre vor. Sie wurden auf Hawaii gewonnen, wo in der Zeitspanne zwischen 1958 und 1988 Werte zwischen 315 ppm und 350 ppm registriert wurden (vgl. Bild 3), was einen Zuwachs von etwa 9 % bedeutet. Wie stark der CO_2-Anstieg künftig sein wird, hängt naturgemäß von zahlreichen Parametern ab, die allerdings nicht exakt vorherbestimmt werden können. Insbesondere die Entwicklung des künftigen Energieverbrauchs spielt hier eine wichtige Rolle. In der Zeitperiode zwischen 1960 und 1980 wurden z.B. jährliche CO_2-Zuwachsraten von 3,4 % festgestellt. Spätere Messungen ergaben sinkende Werte, und zwar von 1,6 %, die jedoch heute bezweifelt werden. Hierzulande wird erfreulicherweise für die kommenden Jahre eine leichte Abnahme der CO_2-Konzentration erwartet. Betrug beispielsweise im Jahre 1987 der CO_2-Ausstoß in Deutschland 724 Mio. t, so erwartet man im Jahre 2010 eine Senkung um 7 %, so daß der genannte Wert auf 674 Mio. t zurückgehen wird. Dieser Rückgang ist sicherlich die Folge einer konsequenten und verantwortungsvollen Umweltpolitik. Weltweit sieht jedoch die Situation anders aus. So kommt beispielsweise eine Studie des US-Ministeriums für Energie aus dem Jahre 1985 zu dem Schluß, daß zwar nicht vor 2025, mit großer Wahrscheinlichkeit jedoch bis zum Jahre 2100 eine Verdoppelung der CO_2-Konzentration erreicht werden wird.

Sicherlich sind solche Schätzungen nicht frei von Fehlern, da menschliches Verhalten durch nicht vorherzusehende Entwicklungen technischer, politischer und sonstiger Art die Situation erheblich beeinflussen kann. Während etwa zu Beginn der 80ger Jahre die CO_2 -

Emissionen aufgrund der Verbrennung von fossilen Energieträgern für das Jahr 2050 auf Werte zwischen 1 und 127 Gt geschätzt wurden, sind später Werte zwischen 1,5 und 64 Gt errechnet worden. Auf der internationalen Klimakonferenz von Villach sind anschließend diese Werte nochmals auf 2 bis 20 Gt reduziert worden.

Daß die erhöhte CO_2-Konzentration in der Erdatmosphäre zum Treibhauseffekt führt, stand bereits Anfang des 20. Jahrhunderts aufgrund theoretischer Überlegungen des schwedischen Forschers Svante Arrhenius fest. Arrhenius überschätzte allerdings die CO_2 - Speicherkapazität der Erdatmosphäre und unterschätzte zugleich die CO_2-Zuwachsraten erheblich, so daß die Bilanz heute weitaus negativer aussieht, als sie von ihm damals prognostiziert wurde.

Im Laufe der 50er Jahre beschäftigte sich die Forschung erneut mit den möglichen Klimaveränderungen aufgrund der CO_2 - Konzentration in der Erdatmosphäre, ohne daß die Diskussion Widerhall in der Öffentlichkeit gefunden hätte. So hat beispielsweise Gilbert Plass von der Texas A & M University in Forth Worth eine durchschnittliche Temperaturerhöhung der Erdatmosphäre von 2 °C bis 3 °C errechnet, falls sich die CO_2 - Konzentration verdoppeln würde. Andere Experten vertraten abweichende Ansichten. Die meisten Forscher folgten jedoch der von Arrhenius vertretenen These, die durch Computerprogramme mittlerweile leider glänzend bestätigt wurde. Es steht demnach heute eindeutig fest, daß die zunehmende CO_2-Konzentration in der Erdatmosphäre den Treibhauseffekt mit allen seinen negativen Auswirkungen auf das Klima zur Folge hat.

Dabei ist das Kohlendioxid, das anfangs im Mittelpunkt der Aufmerksamkeit stand, im Vergleich zu den Fluorchlorkohlenwasserstoffen nachgerade harmlos. Von FCKWs genügen nämlich geringe Mengen, um enorme Treibhauseffekte hervorzurufen. Die Erdatmosphäre enthält derzeit nur etwa 0,001 ppm FCKWs. Wäre es möglich, diese Menge auf der Erdoberfläche zu konzentrieren, so ergäbe sich eine Schichtdicke von nur etwa 100 µm. Diese Schicht ist jedoch imstande, eine Treibhauswirkung zu verursachen, die zwischen 10 000 und 17 000 Mal stärker ist als die äquivalente Menge von Kohlendioxid.

Zum Treibhauseffekt tragen, wie erwähnt, weitere Treibgase wie das Ozon, das Lachgas und das Methan bei. Außer dem zweiatomigen Sauerstoffmolekül (O_2) kommt in der Erdatmosphäre auch das dreiatomige Molekül (O_3) vor, das als Ozon bekannt ist. Seine Bezeichnung rührt von dem griechischen Wort ὄζον (dt. *„Geruch"*) her, da dieses Gas einen durchdringenden Geruch aufweist. Über die Rolle dieses Gases im Rahmen der Klimaproblematik herrschen selbst in Expertenkreisen teils verwirrende Vorstellungen. Grund dafür ist die Tatsache, daß die Wirkung dieses Gases in den verschiedenen Schichten der Erdhülle unterschiedlich ist. Prinzipiell unterscheidet man daher die folgenden drei Fälle:

a) Ozonschwund in der oberen Atmosphäre;

b) Ozonschwund in der oberen Stratosphäre;

c) Ozonkonzentration in den unteren Schichten der Atmosphäre.

Während im ersten und zweiten Fall die eigentliche Problematik in einem Mangel von Ozon liegt, hängt sie im dritten Fall mit ihrer Zunahme zusammen.

Betrachten wir zunächst den ersten Fall, d.h. den Ozonschwund in der oberen Atmosphäre. Unter der Einwirkung von ultravioletter Strahlung (UV-Strahlung) einer Wellenlänge von etwa 240 nm, was einer Energie von etwa 5,3 eV entspricht, entsteht aus zwei zweiatomigen Sauerstoffmolekülen Ozon und Sauerstoff. Es gilt also:

$$O_2 + O_2 + \text{UV-Strahlung} \rightarrow O_3 + O$$

Unter normalen Umweltbedingungen bleibt die Ozonmenge in der oberen Atmosphäre weitgehend konstant, weil der Ozonentstehung, Prozesse zur Seite stehen, die Ozon verbrauchen. Dazu einige Beispiele:

- Ozon (O_3) + Sauerstoff (O) → 2 O_2
- Ozon (O_3) + Hydroxid (OH) → 2 O_2 + H
- Ozon (O_3) + Stickstoffoxid (NO) → O_2 + NO_2

Die Relationen zwischen diesen chemischen Reaktionen schwanken zwar je nach Umgebung, Temperatur usw., es scheint jedoch, daß alle chemischen Prozesse, die zur Entstehung und Vernichtung von Ozon beitragen, sich über mehrere Millionen Jahre die Waage gehalten haben. Erst der erhöhte Zuwachs von FCKWs brachte dieses Gleichgewicht ins Schwanken, was zur Entstehung des vieldiskutierten Ozonlochs führte, dessen Auswirkungen für den gesamten Biokosmos verheerend sein können. Die Beeinträchtigung der Absorption der ultravioletten Strahlung durch das Ozon hat nämlich zur Folge, daß diese Strahlung die Erdoberfläche erreicht, wo sie für alle Lebewesen tödlich wirken kann.

Vermutungen, daß Fluorchlorkohlenwasserstoffe die Ursache des Ozonlochs sind, sind mittlerweile eindeutig bestätigt worden. Diese Gase, die unter anderem als Treibgase in Spraydosen verwendet werden, gelten daher als Ozonschichtkiller. Ungeachtet dessen werden weiterhin weltweit jährlich mehr als 1 Mio. t dieser Gase hergestellt, davon mehr als 112000 t allein in der Bundesrepublik Deutschland. Erfreulicherweise ist allerdings hier ein erster Schritt getan worden, um diese Gase endgültig zu verbannen. Das Bundeskabinett beschloß nämlich am 30. Mai 1990, daß spätestens bis zum Jahre 1995 sowohl die Produktion als auch die Verwendung von FCKWs eingestellt wird. Damit gilt die Bundesrepublik Deutschland weltweit als Vorreiter des FCKW-Ausstiegs. Zur Beruhigung besteht gleichwohl kein Anlaß, da die Ozonkiller allein in Zusammenarbeit mit anderen Staaten zur Strecke gebracht werden können. International ist aber ein Ausstieg aus der FCKW-Produktion nicht in Sicht, obwohl die Bundesrepublik Deutschland den genannten Zeitraum gerne als Modell zumindest für die Europäische Gemeinschaft sähe. Die EG-Kommission hat zwar ihrerseits das Jahr 1997 als Termin vorgeschlagen, doch ist für einige EG-Mitgliedsstaaten selbst dieser Termin noch zu früh.

Der Ozonmangel in den oberen Schichten der Stratosphäre ist seinerseits mit klimatologischen Folgen verbunden, da er in Verbindung mit anderen Treibgasen zu einer Verstärkung des Treibhauseffekts beiträgt.

Unerwünscht ist schließlich die Ozonkonzentration in den unteren Schichten der Erdatmosphäre, da Ozon eine starke Oxydationskraft aufweist. Seine Toxität ist daher für alle biologischen Systeme beträchtlich.

Tierversuche haben wiederholt gezeigt, daß dieses Gas die Zilienzellen beschädigt, d.h. jene Flimmerhärchen, die der Reinigung der Bronchien dienen. Überdies bewirkt es ein vorzeitiges Altern der Lungen. Wie es zu diesen Schädigungen kommt, ist jedoch nach wie vor unbekannt. Unbekannt ist einstweilen auch, ob die Einwirkung dieses Gases zu chronischen Schäden führt oder ob sich die betreffenden Organe anschließend erholen. Das Ozon beeinträchtigt jedoch keineswegs allein die Atemwege. Hinzu kommen Augenreizungen, Reizung und Trockenheit des Rachens, Husten, verstärkte Schleimbildung der Bronchien, Kopfweh und allgemeine Leistungsminderung. Auch Bäume und andere Pflanzen werden durch das Gas angegriffen, das das Wachstum der Pflanzen hemmt und die Blätter zum Absterben bringt.

Quelle der Ozonbildung in den unteren Schichten der Atmosphäre ist die Luftverschmutzung durch Stickoxide (NOx), Fluorchlorkohlenwasserstoffe und Kohlendioxid. Durch verschiedene und komplizierte chemische Prozesse, die durch die UV-Strahlung der Sonne in Gang gesetzt werden, bildet sich das überschüssige Ozon (Sommersmog).

Zur Verstärkung des Treibhauseffekts trägt nicht zuletzt das Methan bei, dessen Wirkung die des Kohlendioxids um das Zwanzigfache übertrifft. Methan ist eine einfache chemische Verbindung aus einem Kohlenstoff- und vier Wasserstoffatomen (CH_4), der auch als Erd- oder Sumpfgas bekannt ist. Seine Konzentration in der Erdatmosphäre hat sich infolge der Industrialisierung von ursprünglich etwa 0,7 ppm auf etwa 1,7 ppm, d.h. auf mehr als das Doppelte erhöht, und die Tendenz ist weiterhin steigend. So existieren derzeit zahlreiche Methanquellen, die jährlich enorme Mengen des gefährlichen Gases in die Atmosphäre ausstoßen. Die wichtigsten biologischen Quellen sind anaerobe Gärungsprozesse.

Natürliche Quellen solcher Gärungsprozesse sind Feuchtigkeitsgebiete und Torfmoore. Zu diesen Quellen gehört jedoch auch ein großer Teil der Tierwelt. So erzeugen beispielsweise Säugetiere, die ihre Nahrung mit Hilfe anaerober Bakterien bewältigen, bei ihrer Verdauung Methan. Insbesondere Wiederkäuer, z.B. Schafe (1,2 Milliarden), Ziegen (500 Millionen) und Rinder (1,3 Milliarden) sind starke Methanquellen. So erzeugt etwa ein Rind ca. 50 kg Methan jährlich. Schafe und Ziegen erzeugen etwa ein Zehntel dieser Menge, also ca. 5 kg, Pferde dagegen die vierfache Menge, also 200 kg. Der Mensch, der jährlich etwa 0,05 kg Methan produziert, fällt demgegenüber kaum ins Gewicht.

Zu den natürlichen Quellen kommt eine Reihe von Menschenhand geschaffener Methanquellen hinzu. Die wichtigsten davon gehören dem landwirtschaftlichen Bereich an. Dazu zählen beispielsweise die riesigen Reisfelder, das Verbrennen von Biomasse sowie die Müllberge. Alle diese Quellen produzieren nämlich eine Gasmischung, die jährlich etwa 770 Mio. kg Methan enthält. Diese enormen Methanmengen abzubauen, macht einen chemischen Prozeß erforderlich, für den die Erde als Reinigungslabor heute überfordert ist. Das Ergebnis ist deswegen eine stetige Zunahme des Methangehalts der Erdatmosphäre, der zugleich immer älter wird. Dabei *„kostet“* dieser Reinigungsprozeß enorme Mengen von Hydroxyl-Radikalen und Ozon. So sind für die Zerstörung eines einzigen Methanmoleküls durchschnittlich 3,5 Hydroxyl-Radikale und 1,7 Ozonmoleküle erforderlich. Doch selbst wenn genügend Reinigungsmittel für den Methanabbau vorhanden wären, wäre die Klimasituation beunruhigend. Beim Abbau des Methans entsteht nämlich Wasserdampf, der seinerseits zum Treibhauseffekt und damit zum Temperaturanstieg auf der Erde beiträgt.

Welche Auswirkungen ein Temperaturanstieg von nur wenigen Grad auf das gesamte Ökosystem haben kann, ist heute wohl bekannt. Eine Erwärmung von beispielsweise 1,5 °C bis 4,5 °C, wie sie für das kommende Jahrhundert als wahrscheinlich angesehen wird, reicht aus, das gesamte Ökosystem durcheinanderzubringen. Verstärkte Küstenerosionen, eine Zunahme von Springfluten, das Eindringen von Salzwasser ins Binnenland, Beschädigungen der Korallenriffe usw. werden die unausweichlichen Folgen sein. Durch eine Zunahme der Verdunstung und eine gleichzeitige Abnahme der Niederschläge könnte überdies die Bodenfeuchtigkeit in bestimmten Regionen sinken, was wiederum weitreichende Auswirkungen auf das Wasser für Trink-, Bewässerungs- und Wasserkraftzwecke hätte.

Auch die Sicherung der Welternährung wäre durch einen derartigen Temperaturanstieg nachhaltig gefährdet. Bereits heute hungern mehrere hundert Millionen Menschen in vielen unterentwickelten Ländern. Ein Temperaturanstieg der genannten Größenordnung hätte beispielsweise je nach der geographischen Lage eine Zu- oder Abnahme der Niederschläge zur Folge, was tiefgreifende Auswirkungen auf die Ernte hätte. Computersimulationen lassen erkennen, daß das künftige Klima in den amerikanischen Weizen- und Maisregionen wärmer und trockener würde. Das würde wiederum eine Senkung der Ernte um etwa 10 % für Weizen und etwa 25 % für Mais bedeuten. Die weltbekannten Oak Ridge Szenarien, die für das US-Energieministerium ausgearbeitet wurden, darunter speziell das Szenarium A, rechnen mit einem Temperaturanstieg von 1,1 °C bis zum Jahre 2030. Diese Einschätzung berücksichtigt jedoch allein die CO_2-Konzentration. Bezieht man in das Szenarium auch die übrigen mehr als 40 klimawirksamen Treibgase der Erdatmosphäre ein, so sieht die Situation weitaus kritischer aus. Danach beliefe sich der zu erwartende Bodentemperaturanstieg auf etwa 1,8 °C.

Die reichen Industrieländer mögen Ernährungsprobleme dieser Art rechtzeitig in den Griff bekommen. Für die Dritte Welt wird eine solche Entwicklung jedoch verheerende Folgen haben, da hier die Bevölkerungsexplosion als zusätzlich belastender Faktor hinzukommt. Es gibt also alarmierende Signale, die jedermann zu raschem Handeln in der richtigen Richtung auffordern. Diese Richtung aber heißt, nicht die Kern-, sondern die Sonnenenergie und speziell den Solarwasserstoff massiv als Energieträger zu nutzen.

Phänomen Zeit

Die unsichtbare kosmische Macht

185 S., 63 Abb., ISBN 3-922238-81-5

- Was ist Zeit und was ist ihr Ursprung?
- Wie kann die Zeit präzise gemessen werden und welche praktischen Anwendungen ergeben sich daraus?
- Was ist biologische Zeit und welche Rolle spielt sie im Bereich des Biokosmos?
- Kann die Zeit technisch oder biologisch manipuliert und damit die Lebenserwartung positiv beeinfluß werden?
- Was versteht man unter „kosmischer Zeit“ und welche Bedeutung hat sie im Rahmen der Kosmogonie und der Kosmologie?

Fragen dieser und ähnlicher Art werden im vorliegenden Buch in anspruchsvoller, doch auch dem unvorbereiteten Leser zugänglicher Darstellung besprochen. Dabei ergibt sich eine Reihe hochinteressanter Aspekte des Phänomens „Zeit“

2 Energie: Wesen - Bedeutung - Bedarf

Nicht allein der Mensch, sondern auch die Natur ist ohne Energie nicht lebensfähig; und selbst der liebe Gott wäre ohne Energie erfolglos geblieben. So schuf er zuerst die Urenergie, um den uns umgebenden Kosmos verwirklichen zu können.

Die Urenergie ist Urkraft und Urstoff zugleich. Sie ist die Quelle, aus der sowohl die belebte als auch die unbelebte Natur ihr *„Lebenselixier"* schöpft. Ohne Energie gäbe es keine Aktivität bzw. Dynamik, und ohne Dynamik gäbe es keine Veränderung im Bereich der belebten wie der unbelebten Natur.

Urenergie in Gestalt eines *„Uratoms"* war demnach die allererste Voraussetzung für die Weltentstehung. Durch die Explosion des *„Uratoms"*, die sogenannte Urexplosion bzw. den Urknall, wurde diese Energie freigesetzt, und zwar in Form von Strahlung, d.h. in Form hochenergetischer Photonen, aus denen anschließend im Verlauf eines langwierigen und zugleich komplizierten Abkühlungsprozesses unter anderem auch Teilchen der stabilen Materie, und zwar Protonen, Neutronen und Elektronen entstanden. Durch die spätere Vereinigung jeweils eines Protons und eines Elektrons entstand das Wasserstoffatom, das einfachste und zugleich leichteste Atom überhaupt. Seither stellt Wasserstoff mit einem Anteil von etwa 70% das meistverbreitete chemische Element dar und wird von der Natur fortwährend nicht nur als Rohstoff, sondern auch als Energieträger verwendet. So entstehen vor allem aus Wasserstoffzusammenballungen die Fixsterne, die anschließend durch Kernverschmelzungsprozesse aus Wasserstoff Energie in Form von Strahlung erzeugen.

Einige dieser Sterne, wie beispielsweise unsere Sonne, haben Planeten, von denen wiederum einige, wie beispielsweise unsere Erde, Leben entwickeln konnten, weil sie die dafür erforderlichen Klimabedingungen boten.

Mit der Bildung der Sterne wurde jedoch nur ein Bruchteil der Urenergie in Form von Wasserstoff *„zwischengespeichert"*, der anschließend als Energiegiequelle fungiert. Durch die Entstehung der Sterne wurden also Teile der Urenergie an mehrere Bereiche des Universums verlagert, wodurch wiederum neue kosmische Prozesse in Gang gesetzt werden können.

Energie stellt also die fundamentalste Erscheinung und zugleich das Grundkapital der Natur dar - ein Kapital, das sich niemals erschöpft, weil Energie weder neu geschaffen noch vernichtet werden kann. Was die Natur und der Mensch laufend tun, ist nichts anderes, als ein unaufhörlicher Prozeß der Energieumwandlung von einer Erscheinungsform in die andere. Dies gilt nicht zuletzt für die Materie, die nichts anderes als *„eingefrorene"* Energie darstellt, d.h. Energie auf einem Sperrkonto, die für lange Zeit zu keinen weiteren Zwecken genutzt werden konnte. Erst durch die Entdeckung der Kernenergie hat der Mensch leider gelernt, auch diese Energieform *„aufzutauen"*. Die verheerenden Begleiterscheinungen sind allseits bekannt, unabhängig davon, ob wir die kontrollierte (Kernreaktoren) oder die unkontrollierte Nutzung der Kernenergie (Kernwaffen) im Auge haben.

Energie stellt Arbeitsvermögen dar. Verfügt ein physikalisches System über Energie, so kann es Arbeit leisten, d.h. Energie aus dem eigenen Energievorrat nach außen abgeben. Dabei kann Energie in den verschiedensten Formen auftreten, beispielsweise als mechanische Energie, als Wärmeenergie, als elektrische Energie, als elektromagnetische Energie usw.

Wichtigstes Merkmal der Energie ist die Erhaltung ihrer Menge, die ihren Ausdruck im Energieerhaltungssatz findet. Er besagt, daß bei allen nur erdenklichen physikalischen Prozessen, Energie weder erzeugt noch vernichtet, sondern lediglich aus einer Energieform in die andere umgewandelt wird. Es ist folglich unmöglich, die Gesamtenergie eines geschlossenen Systems zu vermindern oder zu vermehren. Ein solches System stellt auch das Universum als Ganzes dar. Alle darin ablaufenden Prozesse - und dies gilt gleichermaßen für die belebte wie für die unbelebte Natur - unterliegen deswegen dem Gesetz der Erhaltung der Energie. Diese Gesetzmäßigkeit erkannten bereits Huygens und Leibniz, die sie allerdings allein im Rahmen der Mechanik zu nutzen verstanden. R. Mayer und J. Helmholtz dehnten später dieses Gesetz auf alle Energieformen außer der Materie aus. Die Einbeziehung der Materie gelang erst Albert Einstein, und zwar im Rahmen der speziellen Relativitätstheorie, welche die Äquivalenz von Energie und Masse in die berühmte Formel $E = m \cdot c^2$ faßt.

Die vor der Konzeption der Relativitätstheorie gültige Formulierung des genannten Gesetzes war das Verdienst des englischen Physikers James Joule (1818-1889), dessen Name daher heute als Maßeinheit der Energie verwendet wird.

Energie kann, wie erwähnt, in den unterschiedlichsten Formen, darunter auch in Gestalt von Strahlung auftreten, die übrigens als Ausbreitung von Energie allgemein zu betrachten ist. Dabei entstehen dadurch sowohl statische als auch dynamische Felder, die für Fernwirkungen verantwortlich sind. Ein statisches elektrisches Feld beispielsweise enthält eine bestimmte elektrische Energie, die sich nicht ausbreitet. Entsprechendes gilt für ein statisches magnetisches Feld. Ein elektromagnetisches Feld stellt dagegen einen dynamischen Zustand dar, der die Ausbreitung von Energie bewirkt.

Die quantitative Erfassung von Energie (und Leistung) setzt die Verwendung geeigneter Maßeinheiten voraus. Als Maßeinheit der Leistung ist das Watt (W), als Maßeinheit der Energie das Joule (J) eingeführt. Ein Joule ist das Produkt von Watt x Sekunde (Ws) definiert. Es gilt also:

$$1 \text{ Joule} = 1 \text{ Ws}$$

Dabei handelt es sich um eine sehr kleine Energiemenge. Ihre Größenordnung verdeutlicht der Umstand, daß ein brennendes Streichholz etwa 1000 Joule liefert. In der Praxis rechnet man daher mit Mehrfachen von Joule. Es sind dies das Kilo-Joule ($kJ = 10^3$ J), das Mega-Joule ($MJ = 10^6$ J), das Giga-Joule ($GJ = 10^9$ J), das Tera-Joule ($TJ = 10^{12}$ J), das Peta-Joule ($PJ = 10^{15}$ J) und das Exa-Joule ($EJ = 10^{18}$ J). Ein Mehrfaches der Wattsekunde ist die Kilowattstunde (kWh), definiert als das Produkt von 1000 W = 1 kW und 3600s = 1 h (1 Stunde). Es entspricht also einem Wert von $3{,}6 \cdot 10^6$ Joule = 3,6 MJ.

Welches der genannten Mehrfachen von Joule bzw. Wattsekunde verwendet wird, hängt von den im Einzelfall zu messenden Energiemengen ab. Die von einer Fliege beanspruchte Energiemenge beispielsweise kann ohne weiteres in Joule gemessen werden, da sie einer Größenordnung von ca. 10^{-3} Joule entspricht. Die von einer Atombombe freigesetzte Energie kann dagegen zweckmäßigerweise in PJ angegeben werden. Eine Wasserstoffbombe macht gar die Verwendung von EJ *„sinnvoll"*. Derartige Energiequellen setzen also ungeheure Energiemengen frei, die jedoch im Vergleich mit den Energiemengen kosmischer Quellen verschwindend klein sind. So wird beispielsweise von einer Supernova eine Energiemenge der Größenordnung von 10^{20} EJ freigesetzt. Umgekehrt herrschen im Bereich des Mikrokosmos, speziell im Bereich der Atomkerne, winzige Energiemengen, die sich allerdings durch die große Anzahl der Atome bzw. Atomkerne zu enormen Energiemengen summieren können. So liefert etwa die Spaltung eines winzigen Urankerns nicht mehr als etwa 10^{-10} J. Die Spaltung von Milliarden solcher Atomkerne ist jedoch in der Lage, *„Energiewunder"* zu vollbringen wie es Kernwaffenversuche leider glänzend bestätigen.

Eine andere Maßeinheit der Energie ist die Kalorie (cal). 1 cal ist die Energiemenge, die 1 g Wasser aufnimmt, wenn es bei gleichbleibendem Atmosphärendruck von 14,5° C auf 15,5° C erwärmt wird. 1 cal entspricht 4,18 Joule. Diese Maßeinheit ist uns aus der Ernährungswissenschaft geläufig, in der jedoch aus Gründen der Bequemlichkeit in Kalorien statt in Kilokalorien gerechnet wird. Eine Mahlzeit beispielsweise, deren Energiegehalt mit 1000 cal angegeben wird, liefert dem Organismus in Wirklichkeit nicht $1000 = 10^3$ cal, sondern $1\,000\,000 = 10^6$ cal. So verbraucht etwa ein Durchschnittsmensch, der keine Schwerarbeit verrichtet, täglich rund $2 \cdot 10^6$ cal. Diese Energiemenge entspricht $2 \cdot 10^6 \times 4{,}18$ Ws (Joule) $\approx 8{,}4 \times 10^6$ Ws $= 8{,}4 \cdot 10^3$ kWs bzw. $8{,}4 \cdot 10^3/3600 \approx 2{,}33$ kWh (vgl. Bild 4). Eine 2 kW-Kochplatte, die eine Stunde lang betrieben wird, verbraucht 2 kW x 1 h = 2 kWh, d.h. also fast die gleiche Energiemenge, die der menschliche Organismus für einen ganzen Tag benötigt. Diese Energie entspricht etwa der Energie einer 100-W-Lampe, die 24 Stunden lang brennt. Eine solche Lampe

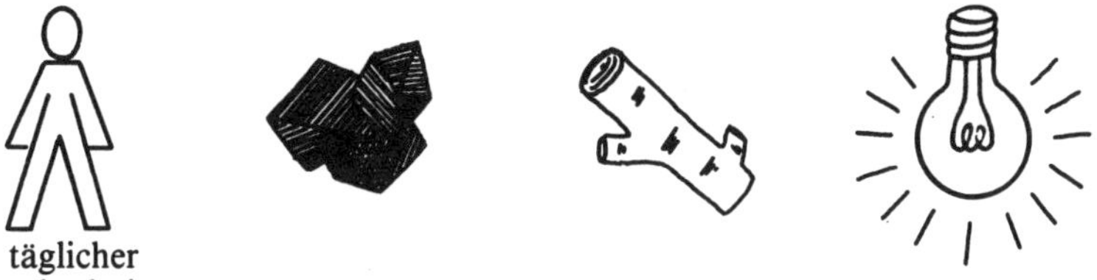

täglicher Durchschnitts-energieverbrauch: ca. 2,4 kWh ≙ ca. 0,3 kg Steinkohle ≙ ca. 0,6 kg Holz ≙ 24 h-Betrieb einer 100 W-Lampe

Bild 4: Der Durchschnittsenergieverbrauch des Menschen beträgt ca. 2,4 kWh täglich. Das entspricht der Energie von ca. 0,3 kg Steinkohle bzw. 0,6 kg Holz oder der Energie, die eine 100 W-Lampe im Laufe von 24 Stunden verbraucht.

verbraucht in der genannten Zeitspanne 100 W x 24 h = 2400 Wh = 2,4 kWh. Im Laufe eines Jahres verbraucht also ein Durchschnittsmensch allein für seine Ernährung etwa 2,4 kWh x 360 Tage = 864 kWh. Diese Energiemenge ist relativ gering, wenn man sie mit der Energiemenge vergleicht, die der Mensch für übrigen Verrichtungen des täglichen Lebens beansprucht. Die hierfür erforderliche Energiemenge beträgt beispielsweise in den USA derzeit etwa 12 kW pro Kopf. Im Laufe eines Jahres verbraucht also jeder Amerikaner eine Energiemenge von 12 kW x 360 x 24 h = 103680 kWh. Das Verhältnis zwischen der für die Ernährung erforderlichen Energiemenge von 864 kWh und der für die übrigen Verrichtungen benötigten Energiemenge von 103 680 kWh beträgt also 103 680 kWh/864 kWh = 120. Im Falle eines Nigerianers beträgt dagegen dieses Verhältnis nur etwa 2, da der Pro-Kopf-Energieverbrauch in Nigeria bei 0,2 kW liegt (0,2 kW x 360 x 24 h = 1728 kWh/864 kWh ≈ 2). Im Weltmaßstab beträgt der durchschnittliche Pro-Kopf-Energieverbrauch derzeit etwa 2,5 kW. Das entspricht einer jährlichen Energiemenge von 2,5 kW x 360 x 24 h = 21 600 kWh. Bezogen auf die genannte Energiemenge von 864 kWh entspricht dies einem Faktor von 21 600 kWh/864 kWh = 25. Der durchschnittliche Pro-Kopf-Energieverbrauch weist also einen Wert auf, der die für die Ernährung des menschlichen Organismus erforderliche Energiemenge um das 25fache übertrifft.

Eine weitere Maßeinheit der Energie, die im Rahmen des vorliegenden Buches von besonderem Interesse ist, ist die Kilogramm-Steinkohle-Einheit, kurz SKE genannt. Sie entspricht dem Heizwert von 1 kg Steinkohle.

Zwischen Joule bzw. kWh und SKE besteht die folgende Beziehung:

$$1 \text{ SKE} = 2{,}931 \cdot 10^7 \text{ Joule} = 8{,}14 \text{ kWh}$$

Für die tägliche Ernährung eines Durchschnittsmenschen reicht also eine Steinkohlemenge von nur 2,33/8,14 = 0,286 kg bzw. 0,286 x 2 = 0,572 kg Biomasse (z.B. 0,572 kg getrocknetes Holz oder 0,572 kg getrocknetes Gras).

Mehrfache von SKE sind 1 t SKE (10^3 SKE), 1 Mio. t SKE (10^9 SKE) und 1 Mrd. t SKE (10^{12} SKE).

Anstelle der Kilowattstunde wird für größere Energiemengen die Maßeinheit Terawattjahr (TWa) verwendet. Da ein Jahr 8760 Stunden aufweist, besteht zwischen kWh und TWa (1 TW = 10^{12} W) die folgende Beziehung:

$$1 \text{ TWa} = 10^{12} \text{ W} \times 8760 \text{ h} \approx 8{,}7 \cdot 10^{15} \text{ Wh} = 8{,}7 \cdot 10^{12} \text{ kWh}$$

Zwischen TWa und Mrd. t SKE besteht überdies die folgende Beziehung:

$$1 \text{ TWa} \approx 1{,}1 \text{ Mrd. t SKE}$$

Der jährliche Weltenergieverbrauch beträgt derzeit etwa 12 TWa, d.h. etwa 13 Mrd. t SKE. Dabei entfallen 38% dieser Energiemenge auf Mineralöl, 30% auf Kohle, 20% auf Erdgas, 7% auf Wasserkraft und 5% auf Kernenergie. Die entsprechenden Werte für die Bundesrepublik Deutschland lauten: 43%, 29%, 15%, 3% und 10% (vgl. Tabelle 1). Absolut betrachtet werden derzeit in der Bundesrepublik Deutschland 0,5 Mrd. t SKE, d.h. 500 Mio. t SKE verbraucht. Davon werden 249 Mio. t

SKE importiert und die restlichen 251 Mio. t SKE (d.h. 51%) aus heimischen Energiequellen, vor allem Steinkohle, Braunkohle und Kernenergie, gedeckt. Das bedeutet, daß in der Bundesrepublik Deutschland heute etwa 4% des Weltenergieverbrauchs eingesetzt wird.

Tabelle 1: Der prozentuelle Primärenergieverbrauch (weltweit und in Deutschland)

Energieträger	**weltweit**	**Deutschland**
Mineralöl	38%	43%
Kohle	30%	29%
Erdgas	20%	15%
Wasserkraft (u.a.)	7%	3%
Kernenergie	5%	10%

Tabelle 2: Umrechnungstabelle einiger Energie-Maßeinheiten.

	Ws (Joule)	eV	cal	kWh	SKE
Ws	1	$6{,}25 \cdot 10^{18}$	0,239	$2{,}78 \cdot 10^{-7}$	$3{,}41 \cdot 10^{-8}$
eV	$1{,}6 \cdot 10^{-19}$	1	$3{,}81 \cdot 10^{-20}$	$4{,}43 \cdot 10^{-26}$	$5{,}46 \cdot 10^{-27}$
cal	4,18	$2{,}61 \cdot 10^{19}$	1	$1{,}16 \cdot 10^{-6}$	$1{,}42 \cdot 10^{-7}$
kWh	$3{,}6 \cdot 10^{6}$	$2{,}25 \cdot 10^{25}$	$8{,}60 \cdot 10^{5}$	1	0,123
SKE	$2{,}931 \cdot 10^{7}$	$1{,}83 \cdot 10^{26}$	$7 \cdot 10^{6}$	8,14	1

Tabelle 2 zeigt die Relation der genannten Maßeinheiten, Tabelle 3 die Relation zwischen dem Wasserstoff und weiteren Energieträgern. Dieser Tabelle ist zu entnehmen, daß 1 kg Wasserstoff (Gasmenge 10 m^3) einer Energiemenge von 33 kWh bzw. 4 SKE entspricht. Auch dem Erdöl und dem Erdgas ist der Wasserstoff überlegen, da 1 kg Wasserstoff 2,7 kg Erdöl bzw. Erdgas entspricht.

Tabelle 3: Relation zwischen Wasserstoff und weiteren Energieträgern.

	kg Erdöl (1,25 l)	kg Erdgas (1,3 m³)	kg Wasserstoff (10m³)	kWh	SKE	kg Biomasse
kg Erdöl (1,25 l)	1	1	0,37	12,2	1,5	3
kg Erdgas (1,3 m³)	1	1	0,37	12,2	1,5	3
kg Wasserstoff (10m³)	2,7	2,7	1	33	4	8,4
kWh	0,08	0,08	0,03	1	0,12	0,25
SKE	0,66	0,66	0,25	8,4	1	2
kg Biom.	0,33	0,33	0,12	4,07	0,5	1

Über den Weltenergiebedarf und seine künftige Entwicklung ist in den letzten Jahrzehnten viel debattiert worden, da die bislang zu diesem Thema erstellten Studien die unterschiedlichsten Prognosen erbrachten. So werden beispielsweise für das Jahr 2000 Werte zwischen 12,8 und 23,5 Mrd. t SKE und für das Jahr 2030 Werte zwischen 17,2 und 39,7 Mrd. t SKE genannt. Wir gehen im folgenden davon aus, daß der Weltenergieverbrauch derzeit etwa 12 TWa beträgt, während sich die Weltbevölkerung auf ca. 5,0 Mrd. Menschen beläuft. Der tägliche Pro-Kopf-Energiebedarf beträgt 12 TWa = 12 TW x 8760 h = 105 120 TWh = 105 120 $\cdot$ 10^9 kWh = 1,05 $\cdot$ 10^{14} kWh/5 $\cdot$ 10^9 = 2,1 $\cdot$ 10^4 kWh = 21 000 kWh/8760 h ≈ 2,5 kW. Diese Zahl stimmt also mit der im Voranstehenden genannten Zahl von 2,5 kW überein.

Bei stagnierendem Weltenergiebedarf und stagnierender Weltbevölkerung muß also jährlich die enorme Energiemenge von 21 000 kWh pro Kopf bereitgestellt werden. Wie wir gesehen haben, ist der Pro-Kopf-Energieverbrauch jedoch von Region zu Region verschieden. Die Extreme bezeichnen die amerikanische bzw. kanadische Pro-Kopf-Leistung von 12 kW und die nigerianische Pro-Kopf-Leistung von 0,2 kW. Der Verbrauch der europäischen und anderer entwickelter Länder liegt zwischen diesen Extremwerten.

Sowohl die Stagnation des Weltenergiebedarfs wie die Stagnation der Erdbevölkerung stellen jedoch Voraussetzungen dar, die der Realität nicht entsprechen. Während der 14. Weltenergiekonferenz in Montreal

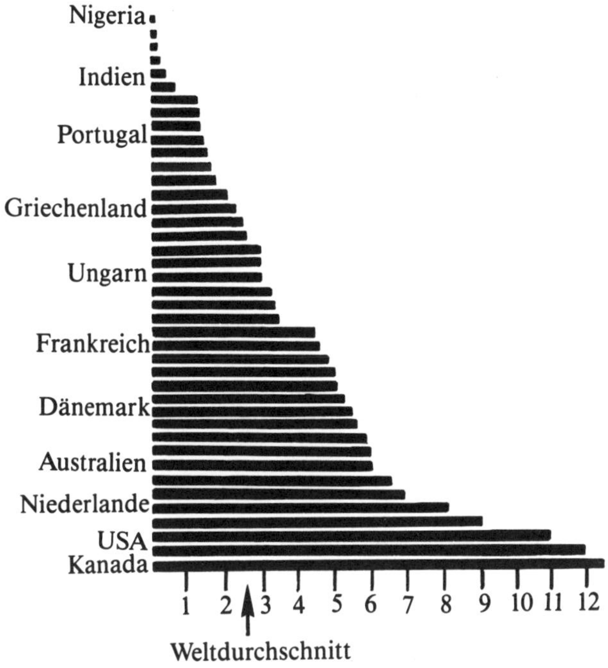

Bild 5: Der jährliche Pro-Kopf-Energieverbrauch verschiedener Länder in t SKE bzw. kWa (1 kWa ≈ 1 t SKE). Die Zahlen verdeutlichen die Kluft zwischen Wohlstand und Armut.

im September 1989 wurde z.B. eine Prognose bis zum Jahre 2020 bekanntgegeben, wonach der Weltenergiebedarf einen Anstieg zwischen 50% und 75% erfahren wird. Geht man von einem Wert von derzeit etwa 13 Mrd. t SKE aus, so wird also der Weltenergiebedarf im Jahre 2020 zwischen 19,5 und 22,75 Mrd. t SKE liegen. Dabei erwartet man, daß es beträchtliche Verschiebungen zwischen den einzelnen Energieträgern geben wird. Während beispielsweise der Kohleverbrauch bis zu etwa 50% zunehmen könnte, wird beim Erdölverbrauch mit einem Zuwachs von knapp 30% gerechnet; der Anteil des Erdgases hingegen bleibt voraussichtlich unverändert. Diese Prognose setzt naturgemäß die Verfügbarkeit der betreffenden Energieträger zu vernünftigen Preisen voraus, wenngleich mit zunehmender Erschöpfung der Energiequellen mittel- bis langfristig mit steigenden Preisen zu rechnen ist.

Auch eine Studie der Internationalen Energie Agentur (IEA) sieht einen ähnlichen Anstieg des Energiebedarfs voraus. Sie prognostiziert, daß sich der Weltenergiebedarf bis zum Jahre 2005 auf etwa 18,5 Mrd. t SKE belaufen wird.

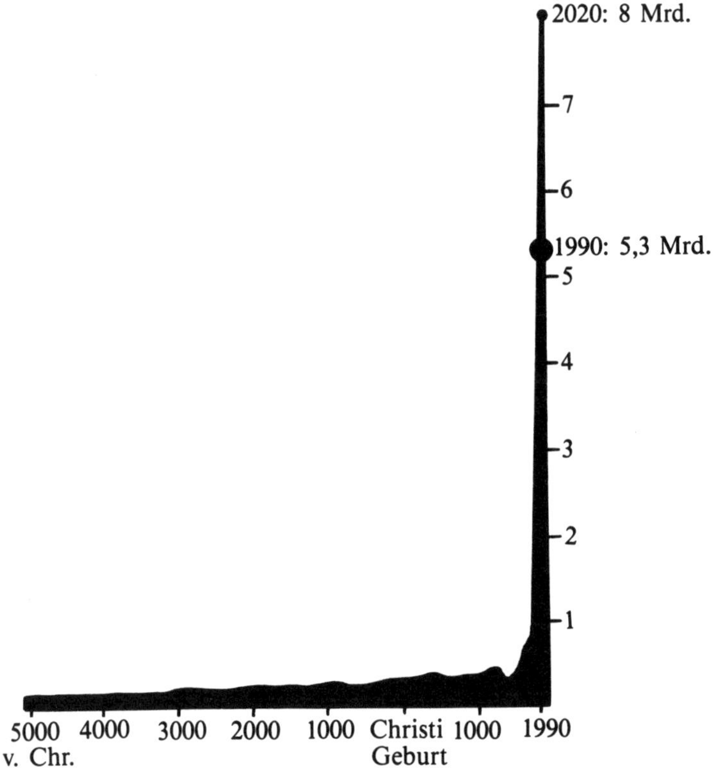

Bild 6: Die Weltbevölkerungsexplosion hat dazu geführt, daß die Erde bereits heute von 5,3 Milliarden Menschen bevölkert wird. Bis zur Jahrtausendwende werden es 6 Milliarden, bis zum Jahre 2020 höchstwahrscheinlich gar 8 Milliarden sein.
(Quelle: UN-Studie)

Eine der wichtigsten Ursachen dieses Anstiegs ist die stetige Zunahme der Weltbevölkerung. Im Jahre 2000 vor Christi Geburt lebten auf der Erde nicht mehr als etwa 200 Millionen Menschen. Um die Zeitwende waren es bereits etwa 250 Millionen. Im Jahre 1650 hatte sich diese Zahl verdoppelt (vgl. Bild 6), und gegen Mitte des 19. Jahrhunderts wurde die Milliardengrenze überschritten. Seither schießt die Wachstumsrate steil in die Höhe. Im Jahre 1930 betrug die Erdbevölkerung bereits zwei Milliarden Menschen, und im Jahre 1987 erreichte sie die 5 Milliarden-Grenze. Heute (1991) liegt sie bei 5,3 Milliarden, und im Jahre 2000 wird sie sich auf sechs Milliarden belaufen.

Nahm man noch vor wenigen Jahren an, daß die Obergrenze bei 10 Milliarden Menschen erreicht sein würde, so muß man nach Ausweis des Bevölkerungsfonds der Vereinten Nationen (UNFPA) mit der Gefahr rechnen, daß die Erde in wenigen Jahrzehnten von 11 Milliarden Menschen bevölkert wird. Bereits im Jahre 2020 soll sich die Erdbevölkerung auf 8 Milliarden Menschen belaufen. Die Prognosen für die Folgezeit sehen noch pessimistischer aus. So rechnet man für das Jahr 2075 mit etwa 15 Milliarden Menschen. Dabei muß berücksichtigt werden, daß dieser Anstieg nicht gleichmäßig auf alle Erdteile verteilt wird. In Afrika und Asien etwa, wo der Pro-Kopf-Energieverbrauch derzeit vergleichsweise niedrig ist, wird der Anstieg größer sein als in Europa. Das bedeutet, daß der Weltenergiebedarf selbst dann weiter wachsen würde, wenn der jährliche Pro-Kopf-Verbrauch in den entwickelten Ländern nicht zunehmen würde.

Ein charakteristisches Beispiel dieser Entwicklung stellt der westafrikanische Vielvölkerstaat Nigeria dar. Betrug seine Einwohnerzahl im Jahre 1950 schätzungsweise 41 Millionen Menschen, so lag sie im Jahre 1987 bereits bei 108,6 Millionen. Für das Jahr 2050 muß das Land mit etwa 470 Millionen Menschen rechnen. Das bedeutet, daß der Energiebedarf des Landes, selbst wenn der Pro-Kopf-Verbrauch bei 0,2 kWa stagnieren würde, um den Faktor 470/108,6 = 4,2 stiege. Diese Voraussetzung ist jedoch als illusorisch zu betrachten, da die zunehmend verbesserten Kommunikationsmittel, die Menschen mit dem Wohlstand der entwickelten Länder bekannt machen und sie

Tabelle 4: Durchschnittlicher Pro-Kopf-Energiebedarf bis zum Jahre 2020.
(Quelle: Weltenergiekonferenz 1983)

	1960 (t SKE)	1978 (t SKE)	2000 (t SKE)	2020 (t SKE)
Welt	1,7	2,5	2,6	2,7
Nord	3,9	6,5	7,6	8,8
Süd	0,6	0,55	0,8	1,2
Westeuropa	2,7	4,4	5,5	6,4
Nordamerika	8,75	12,5	12,4	13,3
Südasien	0,3	0,4	0,5	0,5

veranlassen, ihre eigenen Bedürfnisse entsprechend heraufzusetzen. Insofern ist es nicht verwunderlich, wenn die derzeitige Anzahl von weltweit etwa 500 Millionen Kraftfahrzeugen bis zum Jahre 2025 auf etwa zwei Milliarden ansteigt. Kraftfahrzeuge stellen jedoch nur einen Posten auf der Wohlstands-Wunschliste der Drittländer dar. Hinzu kommen, um nur die wichtigsten zu nennen, Ernährungs- und Bildungswünsche, die ihrerseits dazu beitragen, den Energiebedarf drastisch zu erhöhen. Die zu erwartenden Energiesteigerungsraten für die verschiedenen Erdteile zeigt Tabelle 4. Sie stammt von der Weltenergiekonferenz des Jahres 1983 und wurde im Jahre 1986 in Cannes bestätigt. Danach wird sich der jährliche Pro-Kopf-Energieverbrauch in den Südregionen zwischen 1960 und 2020 verdoppeln. Eine Steigerung über 50% wird es auch in Südasien geben. Hier zeichnet sich jedoch zwischen 2000 und 2020 eine Stagnation ab. Der durchschnittliche Pro-Kopf-Weltenergieverbrauch wird nach dieser Tabelle im Jahre 2020 bei 2,7 t SKE liegen. Legt man eine Weltbevölkerung von 8 Milliarden Menschen zugrunde, so wird sich der Weltenergiebedarf im Jahre 2020 auf 2,7 x 8 = 21,6 Mrd. t SKE belaufen. Dieser Betrag stimmt etwa mit der zuvor genannten Zahl von 22,75 Mrd. t SKE überein.

Wenn wir jedoch über Energiebedarf und Energieverbrauch sprechen, so müssen wir auch den Begriff *„Energiesparen“* in Rechnung

Bild 7: Der Jahresbericht des Bevölkerungsfonds der Vereinten Nationen (UNFPA) mußte unlängst die mögliche Zunahme der Weltbevölkerung nach oben korrigieren. Danach kann die Obergrenze bei 15 Milliarden Menschen liegen. Diese Zahl kann bereits im Jahre 2075 erreicht sein.

stellen. Daß wir mit dem Gut *„Energie"* nicht weiterhin umgehen dürfen wie bisher, wird heutzutage von niemandem mehr bestritten. Auf der anderen Seite sind wir an einen gewissen Komfort gewöhnt, auf den wir nicht leichten Herzens verzichten wollen. Wenn wir daher von Energieeinsparungen sprechen, so müssen wir vor allem solche Einsparungen ins Auge fassen, die kurz- oder langfristig zu realisieren wären, ohne zu einer Minderung der Lebensqualität zu führen. Die letzten ein bis anderthalb Jahrzehnte haben gezeigt, daß dieses Ziel durchaus zu erreichen ist. So sind beispielsweise ungezählte Verfahren und Produkte entstanden, die bereits wesentlich dazu beigetragen haben, große Energiemengen einzusparen. Überdies sind sich die Experten einig, daß in dieser Hinsicht die Grenzen des Möglichen keineswegs erreicht sind. Insbesondere im Bereich der Beheizung menschlicher Behausungen sind enorme Einsparungsmöglichkeiten vorhanden, die so rasch wie möglich ausgeschöpft werden sollten. Heutzutage werden nämlich nicht weniger als 40% der Weltenergie, d.h. etwa 5 TWa, allein für Heizzwecke aufgewandt. Geht man davon aus, daß in diesem Bereich 50% der verwendeten Energie durch bauliche und andere Maßnahmen eingespart werden könnte, so beträgt die Energiemenge, die man sparen könnte, nicht weniger als 2,5 TWa. Hier liegt also ein enormes Sparpotential, das unter anderem durch eine wohlüberlegte Architektur, die sogenannte *„Sonnenarchitektur"*, aktiviert werden kann.

Überlegungen dieser Art sind übrigens nicht erst durch die Ölkrisen der 70er Jahre angeregt worden. Die erforderliche Technik ist vielmehr seit langem bekannt. Die genannten Krisen haben lediglich dazu beigetragen, die Entwicklung der Sonnenarchitektur stärker als zuvor voranzutreiben. Das Entwicklungstempo ist jedoch bereits wenige Jahre später erneut ins Stocken geraten. Ungeachtet dessen konnte die Sonnenarchitektur vor allem auf dem Gebiet der Baustoffe und Bauelemente generell bedeutsame Fortschritte erzielen. Mit ihrer Hilfe können deswegen inzwischen erhebliche Mengen der Wärmeenergie eingespart werden. Insbesondere die transparenten Wärmedämmungselemente, kurz *„TWD-Elemente"* oder *„Thermoscheiben"* genannt, spielen hier eine wichtige Rolle.

Dabei handelt es sich um eine Fortentwicklung der Doppelglasscheiben der 50er Jahre. Die ursprüngliche Einfachverglasung mit einer Dicke von etwa 4 mm - der Schrecken der Nachkriegsarchitektur - wurde im Laufe der 50er Jahre durch die mit Blei verlötete Doppelglasscheibe abgelöst, die zwar eine bessere Wärmeisolation garantierte, dafür jedoch Transpirationsprobleme im Scheibenzwischenraum mit sich brachte. Thermoscheiben dagegen sind von dieser Problematik frei und bieten überdies eine bessere Isolation.

Doch auch mit weniger aufwendigen Fenstern erzielt man heute beträchtliche Isolationswirkungen. Die Vereinigten Glaswerke (Vegla), neben der Flachglas AG der größte bundesdeutsche Hersteller von Fensterglas, wirbt beispielsweise mit spezialveredelten Scheiben, die den Wärmedämmwert *„einer 30 cm dicken Ziegelmauer“* erzielen. Gläser dieser und ähnlicher Art dienen in Verbindung mit Wintergärten dazu, relativ hohe Mengen von Wärmeenergie durch direkte Sonneneinstrahlung zu gewinnen.

Experimente mit neu entwickelten TWD-Elementen haben inzwischen eindeutig gezeigt, daß nicht allein die Transmissionswärmeverluste einer TWD-Fassade vollständig vermieden werden können, sondern daß die Fassade selbst als Wärmequelle zur Deckung von Transmissionsverlusten durch andere Bauelemente beiträgt. So kommt beispielsweise das Fraunhofer-Institut für solare Energiesysteme (ISE) zu dem Ergebnis, daß es möglich ist, ein Haus ausschließlich durch TWD-Fassaden zu beheizen. Der Energiegewinn durch derartige Bauelemente hat im übrigen weitreichende Konsequenzen bezüglich der optimalen Gebäudeform. Bei opaker Wärmedämmung (konventioneller WD) ist der Heizungsenergiebedarf durch Minimierung der Außenfläche reduzierbar. Unter diesem Gesichtspunkt müßten wir eigentlich in halbkugelförmigen Häusern wohnen, da diese Gebäudeform das kleinste Verhältnis von Oberfläche und Innenraum aufweist. Die nächstfolgende Annäherung an die Idealform bietet das sechseckige Gebäude, das mittlerweile keine Seltenheit mehr darstellt. Häuser mit TWD-Fassaden dagegen unterliegen bezüglich der Reduzierung des Energiebedarfs anderen Anforderungen. Die Minimierung der Oberfläche bei opaker Wärmedämmung steht hier die Maximierung der energiegewinnenden TWD-Fassaden im Vordergrund. Damit wird die Architektur eines mit TWD-Fassaden ausgestatteten Gebäudes von den genannten Auflagen für die Gestaltung ihrer äußeren Form befreit. Dabei spielt naturgemäß auch die Orientierung der TWD-Fassade eine Rolle. Tabelle 5 zeigt beispielsweise die Simulationsergebnisse des Fraunhofer-Instituts für solare Energiesysteme für ein quadratisches Gebäude mit einem Grundriß von 10 x 10 x 5 m^3. Den größten Gewinn bringt danach eine nach Südost oder Südwest orientierte TWD-Fassade.

Tabelle 5: Jährlicher Heizungsenergiebedarf (kWh) eines quadratischen Gebäudes mit einem inneren Grundriß von 10 x 10 x 5 m³ (Simulationsergebnisse des Fraunhofer-Instituts für solare Energiesysteme).

	Energiebedarf (kWh)
Opake Wärmedämmung	3491
TWD-Südfassade	597
TWD-Ost- oder Westfassade	1688
TWD-Ost-, Süd- und Westfassade	444
TWD-Südost- und Südwest-Fassade	409

Beträgt der jährliche Heizungsbedarf bei Verwendung einer opaken Wärmedämmung ganze 3491 kWh, so sinkt er bei Verwendung einer TWD-Fassade erheblich und erreicht bei Südost- oder Südwestorientierung einen Wert von nur 409 kWh. Allein dieses Beispiel zeigt, daß die Sonnenarchitektur bereits aus den Kinderschuhen herausgewachsen ist. Man muß lediglich lernen, sie zweckmäßig und so ausgiebig wie möglich einzusetzen.

Strenggenommen darf übrigens nicht von *„Energieverbrauch"* gesprochen werden, da Energie, wie erwähnt, weder geschaffen noch verbraucht werden kann. Bei jeder Tätigkeit bzw. bei jedem physikalischen Prozeß finden lediglich Energieumwandlungen statt. Der Motor eines Kraftfahrzeugs wandelt beispielsweise die chemische Energie von Erdöl in kinetische Energie um, wodurch der gewünschte Fortbewegungsprozeß zustandekommt. Dabei wird die in Form von Erdöl chemisch gespeicherte Energie letzten Endes in kinetische und in Wärmeenergie umgewandelt. Ähnliche Verhältnisse findet man bei zahlreichen anderen physikalischen Prozessen, wobei die Energiequalität stets eine Verschlechterung erfährt. Aus nutzbarer Energie in Form von Erdöl entsteht beispielsweise im besprochenen Fall kinetische Energie und auch kaum nutzbare Energie in Form von Wärme.

Die Energiequalität bezeichnet man als *„Syntropie"*. Eine Minderung der Energiequalität führt zwangsläufig zu einer Steigerung der Entropie, d.h. zur Steigerung der Unordnung innerhalb eines geschlossenen Systems. Die belebte Welt etwa verbraucht keine Energie, sondern Syntropie und ist somit zwangsläufig Quelle einer Erhöhung der Entropie.

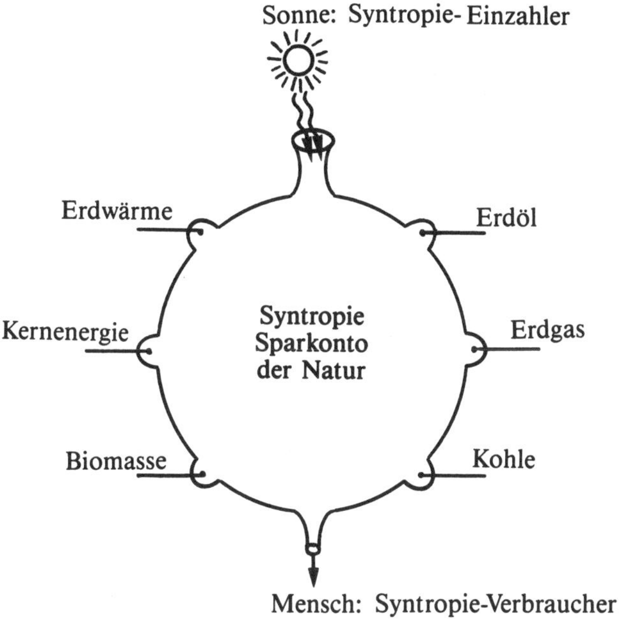

Bild 8: Der Mensch verbraucht fortwährend eine bestimmte Syntropiemenge, die dem *„Syntropiekonto"* der Natur entnommen werden muß. Einziger Einzahler auf diesem Konto ist die Sonne (Genaueres im Text).

Alle physikalischen Prozesse der belebten Natur verlangen demnach eine bestimmte Syntropiemenge, die im Prinzip dem *„Syntropiekonto"* der Natur entnommen wird. Der einzige Einzahler auf diesem Konto ist die Sonne, die durch ihre stetige Einstrahlung dafür sorgt, daß Syntropie in Form von Erdöl, Erdgas, Steinkohle, Biomasse oder Wind-/Wellen-energie, d. h. Energieformen hoher Qualität bzw. hoher Nutzbarkeit entsteht. Bild 8 veranschaulicht diese Zusammenhänge unter Einschluß der Kernenergie, die eigentlich aus dem Energietopf der *„Urenergie"* stammt.

Das Syntropiekonto der Natur, das unsere Sonne in Jahrmillionen mühevoller Arbeit gefüllt hat, wird also durch den Menschen fortwährend geplündert. Zwar zahlt die Sonne weiterhin ihre *„Ersparnisse“* in Form von Syntropie auf dieses Konto ein, doch ist das Tempo der Einzahlung weitaus langsamer als das der Plünderung, so daß dieses Konto in absehbarer Zeit erschöpft sein wird. Dies betrifft allerdings nicht die erneuerbaren Energiequellen, sondern die fossilen Energieträger einschließlich der Kernenergie. Hier aber kann es keine roten Zahlen geben, d.h. eine Überziehung des Kontos ist ausgeschlossen. Die Erschöpfung des Syntropiekontos der Natur bedeutet deswegen das Ende der belebten Welt. Diesen unabwendbaren Zusammenhang im Auge zu behalten, ist für das Überleben der Menschheit auf unserem Planeten daher unabdingbar.

3 Energiequellen und Energiealternativen

3.1 Allgemeines

Angesichts der aufgezeigten Öko-Energie-Problematik erscheint eine neue, von fossilen Energieträgern unabhängige Weltenergie-Konzeption als dringend geboten. In diesem Punkte sind sich heutzutage alle Energieexperten einig. Im Mittelpunkt unendlicher Diskussionen steht dagegen die Frage, ob die Kernenergie weiter forciert oder ob vielmehr erneuerbare und zugleich umweltfreundliche Energiequellen in Betracht gezogen werden sollen. Während die Befürworter der Kernenergie an einem Strang ziehen, da innerhalb dieser Gruppe kaum Meinungsverschiedenheiten bestehen, sind die Anhänger der erneuerbaren Energiequellen untereinander über das zweckmäßigste Profil einer alternativen Energiewirtschaft uneins. Das hat seine Ursache darin, daß die erneuerbaren Energiequellen vielgestaltig sind und somit Möglichkeiten bieten, die von den Verfechtern ihrer Nutzung gelegentlich unrealistisch beurteilt werden.

Vergewissern wir uns zunächst, welche Energiequellen überhaupt zur Verfügung stehen und welche Möglichkeiten es gibt, ihr Energiepotential nutzbar zu machen.

Die Erde kann bildlich als ein Raumschiff betrachtet werden, das zugleich ein weitgehend geschlossenes Ökosystem repräsentiert. Ihre einzige energetische Verbindung zur Außenwelt besteht in der Aufnahme der Sonnenstrahlung. Allein auf diese Weise erhält sie die erforderliche Energie, sei es auf dem (teilweise) direkten Weg der Photosynthese, sei es auf dem indirekten Weg der Energiespeicherung in Form fossiler Energieträger wie Erdöl, Erdgas und Kohle.

Die genannten Energieformen gliedern sich in zwei große Kategorien (vgl. Tabelle 6), von denen die eine die erneuerbaren, die andere die nichterneuerbaren Energiequellen umfaßt.

Als erneuerbare Energiequellen bezeichnet man diejenigen Quellen, die sich selbst regenerieren und daher praktisch unerschöpflich sind.

Zu diesen Energiequellen zählen: Erdwärme, Biomasse, Meeresenergie, Windenergie, Wasserkraft und vor allem die direkte Sonnenstrahlung.

Zu den nichterneuerbaren Energiequellen gehören die fossilen Energieträger Erdöl, Erdgas und Kohle, die eigentlich gespeicherte Sonnenenergie repräsentieren, d.h. Energie, die über Jahrmillionen hindurch gebildet und angesammelt wurde. Auch die Kernenergie gehört im Prinzip zu den nichterneuerbaren Energiequellen. Sie ist jedoch kosmischer Herkunft und stützt sich auf eine der vier Naturkräfte, nämlich die Kernkraft, die auch starke Kraft genannt wird. Diese Kraft wird im Rahmen der Kernspaltung wie der Kernfusion technisch genutzt, um Energie, speziell Kernenergie, zu gewinnen. Während dieser Prozess bei der Kernspaltung sowohl in kontrollierter (Kernreaktoren) als auch in nichtkontrollierter Form (Kernwaffen) geschehen kann, vollzieht er sich bei der Kernfusion zumindest bisher allein in unkontrollierter Form (Wasserstoffbomben).

Tabelle 6: Erneuerbare und nichterneuerbare Energiequellen.

Nichterneuerbare Energiequellen	Erneuerbare Energiequellen
• Fossile Energieträger (gespeicherte Sonnenenergie) • Kernenergie (gespeicherte kosmische Energie)	• Sonnenstrahlung (direkte Sonnenenergie) • Wind-/Wasserkraftenergie (direkte Sonnenenergie) • Erdwärme • Photosynthese (Biomasse, teilweise direkte Sonnenenergie)

3.2 Fossile und erneuerbare Energiequellen

Unsere Vorfahren benutzten als einzige Energiequelle die Biomasse, dabei vor allem das Holz, das zu den erneuerbaren Energiequellen zählt. Bereits mit dem Beginn der Industrialisierung im 19. Jahrhundert vermochte diese Energiequelle die wachsenden Energiebedürfnisse der Menschheit nicht mehr zu befriedigen, so daß ein Überwechseln zu fossilen Energieträgern, zunächst der Steinkohle, später auch dem Erdöl und dem Erdgas, erforderlich wurde. Dabei machte man sich lange Zeit kaum Gedanken darüber, ob diese Energieträger unerschöpflich sind und welche Folgen ihre Nutzung für die Umwelt hat. Erst durch die Ölkrisen der 70er Jahre und die Warnungen des Club of Rome wurde die Welt wachgerüttelt und begann, über die genannte Problematik nachzudenken. Auch hier setzte die menschliche Einsicht also den Schock voraus.

Heute besteht kaum mehr ein Zweifel darüber, daß die verfügbaren nichterneuerbaren Energiequellen lediglich eine überschaubare Kapazität aufweisen. Zwar ist die Reichweite dieser Energiequellen unterschiedlich bemessen, doch weist sie konkrete Grenzen auf, die in absehbarer Zeit erreicht sein werden.

Als Reichweite einer Energiequelle wird allgemein der Zeitraum bezeichnet, innerhalb dessen sie technisch genutzt werden kann. Dieser Zeitraum ist naturgemäß kürzer als der sogenannte potentielle Zeitraum, innerhalb dessen aus ihr die maximal verfügbare Energiemenge entnommen werden kann. Als Reichweite kann aber auch der Zeitraum bezeichnet werden, innerhalb dessen eine wirtschaftlich vertretbare Nutzung der betreffenden Energiequelle möglich ist. Wie allerdings die Grenzen der Wirtschaftlichkeit bestimmt werden, hängt von Fall zu Fall von unterschiedlichen Parametern ab.

Fossile Energiequellen weisen nach heutigen Schätzungen eine Gesamtkapazität von etwa 3300 Mrd. t SKE auf. Geht man von einem jährlichen Weltenergiebedarf von 13,2 Mrd. t SKE aus, so weisen sie insgesamt eine theoretische Reichweite von etwa 250 Jahren auf. Rechnungen dieser Art sind jedoch pauschal und bergen daher große Unsicherheiten, da das tatsächliche Energievorkommen nicht genau berechnet und der jährliche Energiebedarf nicht genau vorherbestimmt werden kann. Es genügt beispielsweise eine geringfügige Steigerung der Zuwachsrate des Energieverbrauchs, um die errechnete Reichweite erheblich zu beeinflussen. Andererseits können unerwartete Entdeckungen von Energievorkommen die errechnete Reichweite erheblich vergrößern. Insofern sind in diesem Falle nicht die absoluten Zahlen, sondern die Tatsache als solche von Bedeutung, daß fossile Energieträger zum einen nicht unbegrenzt zur Verfügung stehen, zum anderen ihre Nutzung Umweltprobleme mit sich bringt, die inzwischen bedrohliche Ausmaße angenommen haben.

Biomasse

Die Biomasse gehört zu den meistdiskutierten erneuerbaren Energiequellen überhaupt, in die vielfach übertriebene Erwartungen gesetzt werden.

Der Begriff *„Biomasse"* (gr. βίος = *„Leben"*) bezog sich ursprünglich auf Tiere und Pflanzen. Inzwischen ist er dahin erweitert worden, daß er alle organischen, d.h. tierischen und pflanzlichen Substanzen sowie ihre Umwandlungsprodukte und Abfälle umfaßt, aus denen Energie gewonnen werden kann. Hierzu zählen beispielsweise Holz, Dung, Jauche, Stroh, zucker- und stärkehaltige Pflanzen sowie Klärschlamm und Hausmüll.

Der Umstand, daß alle diese Substanzen durch Photosynthese entstehen, die ihrerseits durch die Sonnenstrahlung zustandekommt, bedeutet, daß diese Energieträger als indirekte bzw. als teilweise gespeicherte Sonnenenergie zu betrachten sind.

Jährlich wachsen etwa 80 Mrd. t Biomasse, dabei die Hälfte dieser Menge in Form von Holz. Das Biomasseaufkommen entspricht also ca. 40 Mrd. t SKE. Die Nutzung dieses Aufkommens ist jedoch aus unterschiedlichen Gründen sehr beschränkt. Das gilt auch bezüglich des gelegentlich als Wundermittel ins Feld geführten Elephantengrases, von dem sich manche die vollständige Lösung des Weltenergieproblems versprechen. Die in der Biomasse steckende Energie ist nicht allein unwirtschaftlich, sondern auch in ihrem Verbrauch problematisch. Ihr geringer Energiegehalt (1 kg Biomasse entspricht ca. 0,5 kg SKE) und ihr entsprechend großer Raumbedarf macht den Transport über große

Entfernungen so teuer, daß dieser Energieträger nur am Ort seiner Entstehung sinnvoll eingesetzt werden kann. Überdies ist das Verhältnis von Energiegewinn und Energieaufwand strittig. Gelegentlich wird diesbezüglich ein 1 : 1-Verhältnis behauptet. Ferner benötigt man zur Gewinnung dieses Energieträgers enorme landwirtschaftliche Flächen, die, gegenteiligen Ansichten zuwider, zumindest im europäischen Raum nicht zur Verfügung stehen. Sie würfe überdies das Problem der Monokulturwirtschaft auf. Schließlich kommen saisonale Probleme hinzu, da in unseren Breiten nicht mehr als eine Ernte pro Jahr möglich ist. Holz, Stroh und Elephantengras lassen sich zwar lagern, doch müssen feuchte Stoffe rasch verbraucht werden. Schätzungen für die Bundesrepublik Deutschland nennen Produktionsmengen von 8,6 und 34 Mio. t SKE pro Jahr, was einen Anteil von 8,6/500 ≈ 1,7% bzw. 34/500 ≈ 7% des jährlichen Energiebedarfs zu decken vermöchte.

Auch im Weltmaßstab kann die Biomasse allenfalls eine Nebenrolle spielen, obwohl sie in Spezialfällen, beispielsweise in bestimmten Gemeinden, bis zu 50% des Haushaltsenergiebedarfs decken könnte.

Unter dem Eindruck der Ölkrisen der 70er Jahre sind von zahlreichen Regierungen Biomasse-Projekte initiiert und finanziert worden, darunter solche wie das publikumswirksame brasilianische Äthanol-Projekt. Äthanol läßt sich unter anderem aus Zuckerrohr und Mais erzeugen, wobei als Anbaugebiete vor allem südländische Regionen geeignet sind. Die Ergebnisse dieser Projekte sind jedoch mittlerweile ernüchternd. Das gleiche gilt für Bio-Öle, die aus Wolfsmilcharten und Algen gewonnen werden können. Daher wird das mögliche Potential der Biomasse heute auf 5% bis 10% des Weltenergiebedarfs geschätzt, wobei der größte Anteil auf die Länder der Dritten Welt entfällt. Die Biomasse ist und bleibt also eine Nebenenergiequelle, die als solche keines der Energiewunder bewirken kann, wie sie einseitige Befürworter beharrlich propagieren.

Erdwärme

Auch über die Erdwärme oder Geothermie (gr. γῆ = *„Erde“*, θερμός = *„warm“*) ist in den letzten Jahren intensiv diskutiert worden.

Erdwärme stellt zwar eine erneuerbare Energiequelle dar, ihre nutzbare Kapazität ist jedoch relativ klein, so daß auch sie lediglich als Hilfsenergiequelle angesehen werden darf.

Ursprung der Erdwärme ist im Grunde die Kernenergie. Somit stellt auch sie eine Energieform kosmischen Ursprungs dar. Sie entspringt vor allem dem natürlichen radioaktiven Zerfall der chemischen Elemente Uran, Thorium und Kalium, die das Erdinnere warm und flüssig hält.

Bereits in einer Tiefe von 30 bis 50 km herrscht eine Temperatur von etwa 1300 ° C. Wo die Erdkruste dünn genug ist, kann der Temperaturunterschied zwischen dem Erdinneren und der Erdoberfläche zur Gewinnung von Wärmeenergie genutzt werden. Dies trifft vor allem für Vulkangebiete zu.

Um die Erdwärme technisch mit ausreichendem Wirkungsgrad zu nutzen (z.B. zur Stromerzeugung), sind Temperaturunterschiede von mindestens 200 ° C erforderlich. Außerhalb von Vulkangebieten ist aber diese Voraussetzung nur selten vorhanden.

Das erste Erdwärmekraftwerk der Welt mit einer Leistung von 250 kW wurde bereits im Jahre 1913 in Italien errichtet. 1985 waren weltweit 182 solcher Kraftwerke mit einer Gesamtleistung von 4,7 GW in Betrieb. Das entspricht 0,0047 TWa, d. h. einem Bruchteil des derzeitigen Weltenergiebedarfs.

Windenergie

Windenergie entsteht aus Luftbewegung, die ihrerseits daher rührt, daß Luftdruckunterschiede zwischen zwei Orten entstehen, die durch die Sonnenstrahlung in unterschiedlichem Grade erwärmt werden.

Die im Wind enthaltene Bewegungsenergie wird weltweit auf etwa 1,5% bis 2,5% der eingestrahlten Sonnenenergie geschätzt. Von diesem enormen Potential können aber nur etwa 3% genutzt werden. Das liegt daran, daß Windkraftwerke erst bei einer durchschnittlichen Windgeschwindigkeit von etwa 5 m/s bzw. 18 km/h wirtschaftlich arbeiten können. Werte dieser Größenordnung treten aber allein in wenigen Regionen beispielsweise in den Küstengegenden, auf Inseln oder im Gebirge auf.

Der Umstand, daß Windgeschwindigkeiten nicht konstant bleiben, hat zur Folge, daß keine Wechselstromgeneratoren eingesetzt werden können, die ja auf konstante Drehzahlwerte angewiesen sind. Es müssen daher Gleichstromgeneratoren in Verbindung mit Wechselrichtern verwendet werden, die den erzeugten Gleichstrom anschließend in Wechselstrom umwandeln.

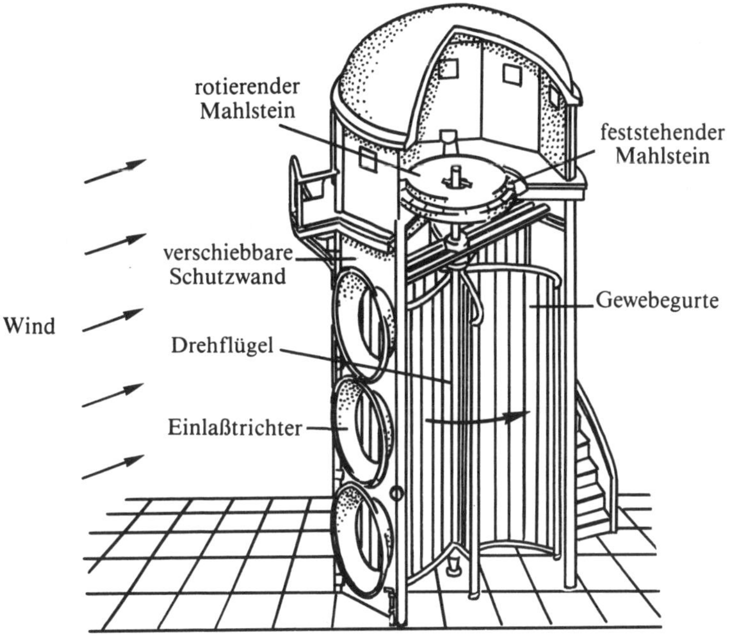

Bild 9: Windmühle mit vertikalem Rotor. Sie wurde wahrscheinlich im 7. Jahrhundert im östlichen Afghanistan erfunden und zur Nutzung der Windenergie eingesetzt. (Zeichnung: Spektrum der Wissenschaft, H. 7/1991)

Windenergie ist bereits um 3300 vor Christi Geburt genutzt worden. Damals diente sie noch ausschließlich der Schiffahrt. Wahrscheinlich zu Beginn des 7. Jahrhunderts wurden zum ersten Mal Windmühlen eingesetzt. Es handelt sich um Einrichtungen mit horizontalem Rotor, deren Zeugnisse auf dem Gebiet des heutigen westlichen Afghanistans gefunden wurden. Sie wurden auf Hügeln oder Burgtürmen installiert, um durch die so gewonnene Höhe den Wirkungsgrad zu verbessern.

Das Funktionsprinzip solcher Windmühlen zeigt Bild 9. Dabei sind an einer senkrechten Achse zwölf oder sechs gebogene Flügel befestigt, die doppelt mit Tuch bespannt sind. In der Wand des Rotorgehäuses sind große Trichter vorhanden, die den Wind nach innen führen. Durch die Verjüngung des Querschnitts dieser Trichter kann die Windgeschwindigkeit erhöht werden.

Windmühlen dieses Typs verbreiteten sich später in der islamischen Welt und drangen bis nach China und Indien vor. In Ägypten wurden sie im Mittelalter benutzt, um Zuckerrohr zu verarbeiten und Getreide zu mahlen.

Eine Blüte erlebte die Nutzung der Windenergie in Europa im 19. Jahrhundert vor allem durch die Verwendung der holländischen Mühlen. Um die Jahrhundertwende wurden allein an der Nordseeküste zwischen Holland und Dänemark etwa 10 000 Windmühlen dieses Typs betrieben. Noch größer war die Zahl der sogenannten Hauswindmühlen, die vor allem in Dänemark auf Bauernhöfen installiert wurden. Sie dienten vorwiegend mechanischen Antriebszwecken.

Die Nutzung der Windenergie wurde jedoch bald durch die Dampfmaschine sowie durch die Industrialisierung verdrängt, um erst durch die Ölkrisen der 70er Jahre erneut ins Bewußtsein der Öffentlichkeit zu treten. Durch die Entwicklung zuverlässiger und wirtschaftlicher Windkraftanlagen (WKA) ist sie inzwischen zu einer potentiellen Energiequelle avanciert. Dabei unterscheidet man drei Gruppen derartiger Anlagen. Die erste enthält kleine Windkraftanlagen mit Leistungen bis zu etwa 100 kW. Diese Anlagen, die sowohl mit Propellern als auch mit Darrieus-Rotoren ausgestattet sind, sind weitgehend ausgereift und werden bereits als Industrieprodukte auf dem Markt angeboten. Die zweite Gruppe enthält Windkraftanlagen mit Leistungen bis zu 1 MW. Sie werden meistens auf Türmen von bis zu 50 m Höhe installiert. Auch diese Anlagen sind mit Propellern oder Darrieus-Rotoren ausgestattet und können ebenfalls als ausgereift betrachtet werden. Die dritte Gruppe schließlich enthält Großanlagen bis zu einigen MW. Sie sind mit Propellern bis zu 100 m Durchmesser ausgestattet und werden auf Türmen von etwa 100 m Höhe installiert. In solchen Höhen ist die Windgeschwindigkeit um etwa 50% größer als auf dem Erdboden. Da die Windleistung mit der dritten Potenz der Windgeschwindigkeit zunimmt, bedeutet das eine Erhöhung der Leistung bis auf das 3,4fache.

In der Bundesrepublik Deutschland wird die Nutzung der Windenergie derzeit öffentlich im Rahmen des sogenannten *„Förderprogramm 250 MW Wind“* gefördert. Dabei geht es um ein mehrjähriges Experiment, das die Wirtschaftlichkeit der Windenergie erproben soll. Ein begleitendes wissenschaftliches Meßprogramm soll die anfallenden Meßdaten der Windgeneratoren erfassen, um statistische Werte über den Betrieb von Windanlagen zu gewinnen. Die Betreiber solcher Anlagen werden auf die Dauer von zehn Jahren mit 6 bis 8 Pf/kWh honoriert. Überdies bekommen sie für den ins öffentliche Netz gespeisten Strom 16,6 Pf/kWh, das übersteigt den bisherigen Betrag um mehr als 7 Pf.

Wasserkraft

Seewasser besitzt Lageenergie, Flußwasser Bewegungsenergie. Beide Energieformen wurden bereits in der Antike genutzt. Überlieferungen besagen, daß die Chinesen bereits im 3. Jahrhundert vor Christi Geburt Wasserräder für Bewässerungszwecke eingesetzt haben. Heute deckt die Wasserenergie etwa 20% der Primärenergie für die Stromerzeugung und etwa 3% des gesamten Weltenergiebedarfs.

Wasserkraft wird mit Hilfe von Wasserkraftwerken genutzt. Dabei strömt Wasser aus einem Stausee durch ein Gerinne oder ein Rohr auf eine Wasserturbine, die einen Generator antreibt. Damit wird Wasserkraft in elektrische Energie umgewandelt. Diese Technik wurde bereits Ende des 19. Jahrhunderts neben der Dampfmaschine zur Stromerzeugung eingesetzt.

Wasserkraftwerke sind zwar hinsichtlich ihrer Installation kostenintensiv, benötigen jedoch anschließend für ihren Betrieb keinen Brennstoff. Überdies haben sie eine relativ lange Nutzungsdauer von etwa 60

Jahren. Überdies können Kraftwerke dieses Typs mit einem geringen Personalbestand betrieben werden, so daß sie im Endeffekt sehr wirtschaftlich arbeiten.

Hierzulande existieren derzeit 620 Wasserkraftwerke mit einer Gesamtleistung von 6,7 GW, was etwa 4,5% der Stromerzeugung ausmacht. Unser Nachbarland Österreich bezieht mit Hilfe von 540 Wasserkraftwerken (Gesamtleistung 9,5 GW) sogar 75% seines Strombedarfs aus der Wasserkraft.

Kernenergie

Die Kernenergie, d.h. jene Energieform kosmischen Ursprungs, die in Gestalt radioaktiver Elemente wie Uran, Thorium, oder Plutonium zur Verfügung steht, gehört zu den nichterneuerbaren Energiequellen.

Über die Vorräte dieses Energieträgers sind kaum gesicherte Angaben vorhanden, da insbesondere in den letzten Jahren Quellen ausfindig gemacht wurden, deren Existenz vordem nicht bekannt war. Das Internationale Institut für Systemanalyse (IISA) beziffert das weltweit verfügbare Natururan auf etwa 30 Millionen Tonnen. Welche Reichweite diese Uranmenge repräsentiert, hängt jedoch von der Anzahl und der Konzeption der künftig verfügbaren Kernreaktoren ab. Das gleiche Institut errechnete im Rahmen eines Kernenergieszenariums eine Reichweite, die in Abhängigkeit von der angenommenen Zuwachsrate des Weltenergiebedarfs, zwischen 50 und 500 Jahren liegt. Diese Berechnung stützt sich allerdings allein auf die Nutzung der spaltbaren Isotopen von Thorium und Uran. Berücksichtigt man auch die Plutonium-Technologie, so kann sich die Reichweite auf mehrere tausend Jahre erhöhen.

Angesichts der mit diesem Energieträger verbundenen Gefahren sollte man jedoch Berechnungen dieser Art beiseite schieben und alle Anstrengungen unternehmen, diesen Weg der Energiegewinnung so rasch wie möglich zu verlassen. Es ist dies eine der dringlichsten Aufgaben der Gegenwart, deren Bedeutung den Verantwortlichen jedoch weder durch die Beinahe-Katastrophe von Harrisburg am 25. März 1971 noch durch die tatsächliche Katastrophe von Tschernobyl am 25. April 1986 hinreichend bewußt geworden ist. Im Gegenteil: Interessengemeinschaften wie z.B. die *„Kernenergienachrichten“*, eine Lobbyorganisation der Kernenergieindustrie, versuchen unaufhörlich, durch großangelegte, kostspielige Anzeigenkampagnen einer breiten Öffentlichkeit einzureden, daß Kernenergie hinreichend sicher und zugleich unverzichtbar ist, wenn die Lichter dieser Erde nicht verlöschen sollen.

3.3 Sonnenenergie: Die einzige Energiealternative

Daß wir uns inmitten eines schwerwiegenden selbstverschuldeten Öko-Energie-Dilemmas befinden, wird derzeit von niemandem ernsthaft bezweifelt. Längst müßte daher ein Umdenken eingesetzt haben und eine neue Konzeption der Energieversorgung der Länder dieser Erde entworfen sein. Dabei muß diese Problematik von vorneherein mit der größten Sorgfalt angegangen werden, da uns kein Raum für Fehlentscheidungen mehr gegeben ist. Man darf sich daher keinesfalls ungeprüft den Befürwortern der einen oder anderen Energietechnologie anvertrauen, die aus vordergründigen Interessen Konzepte lancieren, die eher auf die wirtschaftliche Fortexistenz des jeweils verfochtenen Energiezweiges als auf die Lösung der Gesamtprolematik gerichtet sind.

Betrachten wir noch einmal die bereits beschriebenen (erneuerbaren und nichterneuerbaren) Energiequellen, so stellen wir fest, daß fossile Energieträger zwar eine relativ große Reichweite aufweisen, ihre Nutzung aus ökologischen Gründen jedoch so rasch wie möglich einzustellen ist. Überdies stellen sie wertvolle Rohstoffe dar, die die Menschheit dringend zu anderen Zwecken benötigt. Es gibt also mehr als einen Grund, Abschied von diesen Energieträgern zu nehmen.

Erneuerbare Energiequellen wie Wasserkraft, Windkraft, Erdwärme und Biomasse sind zwar ökologisch verträglich, kommen jedoch allenfalls als Hilfsquellen in Betracht, da sie nur Bruchteile des Weltenergiebedarfs zu decken vermögen.

Anhänger der Kernenergie führen immer wieder ins Feld, daß die Kernenergie ökologisch *„sauber“* sei, da sie keine Schadstoffe erzeuge. Diese Behauptung stellt jedoch nur die halbe Wahrheit dar. Bis ein Kraftwerk errichtet ist, verlangt es eine enorme Energiemenge, die nicht zum ökologischen Nulltarif zur Verfügung steht. Und selbst wenn dies der Fall wäre, bleibt das Betriebsrisiko und vor allem das Problem der Entsorgung des nuklearen Abfalls bestehen, so daß man diese Technologie nicht guten Gewissens verteidigen kann. Das kann jedoch nicht die Forderung nach einer sofortigen Abschaltung der in Betrieb befindlichen Kernkraftwerke bedeuten, wie es die Gegner der Kernenergie landauf landab verlangen. An die Stelle der Utopie eines sofortigen Ausstiegs aus der Kernenergie muß eine realistische Planung treten. Diese aber kann allein von einer Übergangszeit von 30 bis 50 Jahren ausgehen, in der die Kernenergiewirtschaft durch eine Photovoltaik/Solarwasserstoff-Wirtschaft abgelöst wird.

Nach Gründen für eine vorwiegend auf die Photovoltaik/Solarwasserstoff gestützte Konzeption der Weltenergieversorgung braucht man mittlerweile nicht mehr zu suchen. Die wichtigsten davon sind die folgenden:

- Durch die Photovoltaik läßt sich elektrische Energie geräusch- und bewegungslos direkt aus Sonnenlicht erzeugen.

- Die für die Photovoltaik benötigte Fläche läßt sich aus Teilflächen gewinnen, die für sonstige Anwendungen (z.B. für landwirtschaftliche Zwecke) nicht geeignet sind. Das größte geeignete Flächenreservoir befindet sich überdies dort, wo die Sonneneinstrahlung am stärksten ist, d.h. in den südlichen Regionen.

- Die durch die Photovoltaik gewonnene elektrische Energie kann sowohl direkt in das öffentliche Stromnetz eingespeist als auch zur Erzeugung von Solarwasserstoff genutzt werden, was einer Energiespeicherung chemischer Art gleichkommt.

- Sowohl die elektrische Energie als auch der Solarwasserstoff stellen umweltfreundliche Energieformen dar und tragen somit zur Lösung der bereits eingetretenen Öko-Energie-Problematik bei. Der elektrische Betrieb ist schadstoffrei, und der Wasserstoffbetrieb erzeugt keine Kohlenmonoxide, Schwefeldioxide oder Staub.

- Die für die Photovoltaik wie für die Wasserelektrolyse zur Gewinnung von Solarwasserstoff erforderlichen Technologien sind weitgehend vorhanden. Es müssen lediglich Nachentwicklungen einzelner Komponenten und Verfahren vorgenommen werden. Größere Entwicklungsrisiken sind also nicht zu befürchten.

Kritiker der Solarwasserstoff-Wirtschaft, die vielfach aus dem Lager der Kernenergieanhänger stammen, versuchen auf unterschiedliche Weise, diese Konzeption einer Weltenergiewirtschaft zu diskreditieren. Dabei werden nicht selten auch unhaltbare Argumente ins Feld geführt. Eines dieser Argumente sind die angeblich weiten Transportwege zwischen Produktionstätte (Südländer) und Verbraucher (europäischer Raum). Dabei wird vergessen, daß die gleichen Wege seit eh und je problemlos für die fossilen Energieträger genutzt werden. Ein anderer Einwand betrifft die drohende Abhängigkeit der Industrieländer von der Politik der örtlichen Scheichs. Auch dieses Argument ist angesichts der gegenwärtigen internationalen politischen und wirtschaftlichen Verflechtung so abwegig, daß es keiner Diskussion bedarf.

Ein weiteres Argument gegen die Nutzung des Wasserstoffs als Rohstoff wie als Energieträger ist die Explosionsgefahr. Dabei wird übersehen, daß Wasserstoff nicht gefährlicher ist als die bislang genutzten gasförmigen und flüssigen Energieträger. Allein der Umstand, daß Wasserstoff seit Jahrzehnten in der Industrie in großen Mengen als Rohstoff verwendet wird, spricht diesbezüglich eine deutliche Sprache.

Das wichtigste Argument gegen eine künftige Solarawasserstoff-Wirtschaft aber ist die Kostenfrage. Zwar gibt es in diesem Punkte keine Übereinstimmung mit der Ansicht der Anhänger der Solarwasserstoff-Wirtschaft, doch muß immer wieder betont werden, daß zum einen die finanzielle Belastung vertretbar ist und daß es zum anderen zur Nutzung der Sonnenenergie keine Alternative gibt, so daß die Kostenfrage in den Hintergrund treten muß.

Einwände dieser und ähnlicher Art sind mithin nicht stichhaltig und diskreditieren denjenigen, der sich ihrer bedient, um eine Technologie zu verunglimpfen, die nach dem derzeitigen Erkenntnisstand die einzige ist, die eine Lösung der bereits eingetretenen Öko-Energie-Problematik zu liefern vermag.

Daß bei einem Projekt von den Ausmaßen einer auf Solarwasserstoff gegründeten Weltenergie-Konzeption weiterhin Restrisiken bleiben, liegt auf der Hand. Weder einzelne Experten noch hochkarätige Exper-

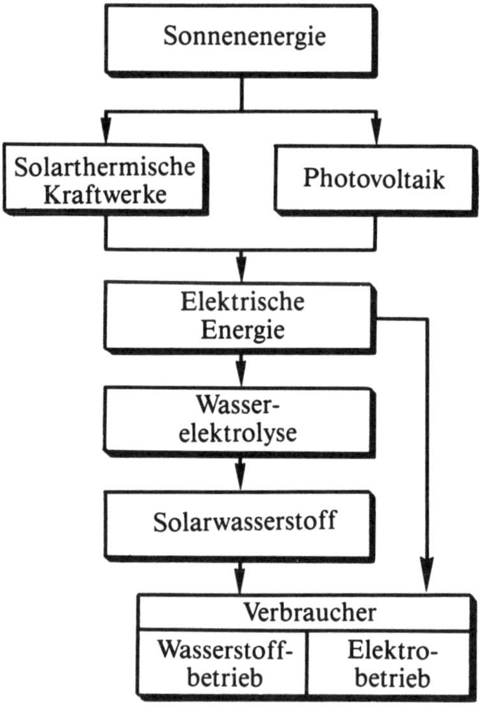

Bild 10: Energiegewinnung und Energieverbrauch im Rahmen einer künftigen Solarwasserstoff-Wirtschaft.

tenkommissionen können derartige Risiken mit letzter Sicherheit ausschließen. Eines aber kann mit großer Zuversicht bereits heute gesagt werden: Sollte sich im Laufe der Zeit erweisen, daß Teilbereiche der Solarwasserstoff-Konzeption modifiziert werden müssen, so wird es andere Teilbereiche geben, die sich in der heute erkennbaren Form bewähren, so daß die investierten Forschungsarbeiten und Finanzmittel nicht verloren sind.

In der Bundesrepublik Deutschland wird die Solarwasserstoff-Technologie von seiten des Staates derzeit durch drei Forschungsprojekte (SWB, HYSOLAR, Heißdampf-Elektrolyse) mit einem jährlichen Gesamtaufwand von etwa 25 Mio. DM gefördert (Stand 1991). Das klingt beeindruckend, ist jedoch angesichts der Dringlichkeit der historischen Aufgabe nicht mehr als ein Tropfen auf den heißen Stein. Andererseits muß man geradezu froh sein, daß überhaupt etwas geschieht. Denn außerhalb der Bundesrepublik sind die diesbezüglichen Aktivitäten minimal. Dieses Defizit muß deswegen in absehbarer Zeit durch international angelegte Großprojekte beseitigt werden. Dabei bedürfen insbesondere die folgenden Schwachstellen einer raschen und ausreichenden Förderung:

- Verbesserung des Wirkungsgrads der Solarzellen;
- Entwicklung der Supraleitungstechnik, die sowohl für die verlustarme Stromübertragung als auch für die Stromspeicherung von entscheidender Bedeutung ist;
- Entwicklung der Heißdampf-Elektrolyse mit dem Ziel, den Wirkungsgrad der Wasserspaltung zu erhöhen;
- Errichtung photovoltaischer Kraftwerke der Größenordnung von mindestens 100 MW, um unter anderen die Großproduktion von Solarzellen einzuleiten, die die erforderliche Senkung der Herstellungskosten ermöglichen würde.

4 Die Sonnenenergie und ihre Nutzung

4.1 Die Sonne und ihre Hauptkenndaten

In physikalischer Hinsicht stellt die Sonne einen durchschnittlichen Fixstern dar. Aufgrund ihrer im Vergleich zu anderen Fixsternen unserer Galaxie geringen Entfernung zur Erde nimmt sie jedoch für das Leben auf ihr eine zentrale Stellung ein.

Der Abstand zwischen Sonne und Erde beträgt etwa 150 Mio. km und wird als AE (Astronomische Einheit) bezeichnet. Diese Maßeinheit wird in der Astronomie vielfach zur Messung astronomischer Entfernungen benutzt.

Der Sonnendurchmesser beträgt 1,39 Mio. km und ist somit etwa 109 Mal größer als der Erddurchmesser.

Die Oberfläche der Sonne beläuft sich auf $6{,}087 \cdot 10^{12}$ km^2 und übertrifft damit die Oberfläche der Erde um das 1193fache.

Das Volumen der Sonne liegt bei $1{,}412 \cdot 10^{18}$ km^3, was etwa 130 400 Erdvolumen entspricht.

Die Masse der Sonne beträgt $1{,}9891 \cdot 10^{33}$ g und ist damit 333000 mal größer als die Erdmasse. Ihre mittlere Dichte liegt naturgemäß weit unterhalb der Erddichte und beträgt 1,41 g/cm^3, was etwa 0,26 der Erddichte gleichkommt.

Weitere Kenndaten der Sonne sind die folgenden:

- Alter: ca. 4,6 Mrd. Jahre
- Leuchtkraft bzw. Leistung: $3{,}91 \cdot 10^{26}$ W
- Oberflächentemperatur: 5800 K
- Kerntemperatur: ca. 15 Mio. K
- Druck (Kern): $2 \cdot 10^8$ bar
- Energiedichte (an der Oberfläche): 6300 W/cm^2
- Chemische Zusammensetzung:
  - Wasserstoff: ca. 75 %
  - Helium: ca. 25 %

- Sauerstoff: 0,8 %
- Kohlenstoff: 0,3 %
- Sonstige Elemente: 0,5 %

- Schwerkraft: 274 m/s^2
- Fluchtgeschwindigkeit (an der Oberfläche): 617,7 km/s
- Neigung des Äquators gegen die Ekliptik: 7° 15′ 00″
- Siderische Rotationsdauer: 25,380 Tage (d)
- Synodische Rotationsdauer: 27,275 Tage (d)

Über die scheinbar unerschöpfliche Energie der Sonne ist in der Vergangenheit viel spekuliert worden, bis vor einigen Jahrzehnten schließlich die richtige Antwort gefunden wurde. Sie hängt mit der bereits erwähnten Kernenergie zusammen.

Will man Kernenergie gewinnen, so muß man einen Weg finden, die Atomkerne in irgendeiner Weise zu beeinflussen. Dies wird innerhalb unserer und anderer Sonnen durch eine hohe Temperatur von mehreren Millionen Grad erreicht, die aufgrund der dort herrschenden hohen Gravitation zustandekommt. Dabei finden Kernverschmelzungsprozesse statt, die die Freisetzung von Kernenergie bei gleichzeitiger Umwandlung von Wasserstoff in Helium zur Folge haben.

Die Substanz der Sonne bestand ursprünglich zu etwa 75% aus Wasserstoff und zu etwa 25% aus Helium. Alle anderen chemischen Elemente machten zusammen nur etwa 1% aus. Heute, etwa 4,5 Milliarden Jahre nach dem Einsetzen der Kernverschmelzungsprozesse, besteht der Sonnenkern zu etwa 35% aus Wasserstoff und zu etwa 65% aus Helium. Dabei entsteht fortwährend ein Massedefekt von etwa $5 \cdot 10^9$ kg/s, d.h., die Sonne verliert pro Sekunde eine Masse von 5 Millionen Tonnen. Eben dieser Masseverlust ist die Ursache, daß die Sonnenleuchtkraft den ungeheuren Wert von $3{,}91 \cdot 10^{26}$ W und eine ebenfalls ungeheure Energie von $E = m \cdot c^2 = 5 \cdot 10^9$ kg x $(3 \cdot 10^8 \text{ m/s})^2 = 4{,}5 \cdot 10^{26}$ Joule (Ws) erreicht. Diese Energie entspricht $4{,}5 \cdot 10^{26}/10^{12}$ x 60 x 60 x 24 x 365 $\approx 10^7$ TWa, d.h. 10 Millionen TWa, was den derzeitigen jährlichen Weltenergieverbrauch fast eine Million Jahre lang decken kann. Nur ein Bruchteil dieser Energie - etwa 2 Kalorien pro

Minute und Quadratmeter ($2cal/m^2 \cdot min.$) - erreicht die Erde und sorgt dafür, daß unser Ökosystem intakt bleibt. Außerhalb der Erdatmosphäre enspricht dies einem Wert von $0{,}033 \cdot 10^4$ Kalorien pro Quadratmeter und Sekunde. Da 0,239 cal einem Wert von 1 Ws entspricht, beläuft sich diese Energiemenge auf $0{,}033 \cdot 10^4/0{,}239 \approx 1390$ $W/m^2 \approx 1{,}39\ kW/m^2$. Dieser Wert wird als Solarkonstante bezeichnet. Eine Fläche von 1 m^2 außerhalb der Erdatmosphäre empfängt also im Laufe einer Stunde eine Energiemenge von 1,39 kWh, im Laufe eines Jahres eine Energiemenge von 1,39 x 360 x 24 = 12009 kWh. Auf der Erdoberfläche rechnet man mit einer Leistung von 1 kW/m^2 oder von 1 kWh pro Stunde auf einer waagrechten Fläche von 1 m^2.

Die angeführte Energiemenge wird unsere Sonne voraussichtlich weitere 5 Mrd. Jahre liefern können. Danach werden Erschöpfungserscheinungen eintreten, die dazu führen, daß sich die Sonne in einen Roten Riesen verwandelt, bevor sie als Weißer Zwerg ihr Ende als aktiver Stern findet. Bis dahin aber werden die Kernverschmelzungsprozesse andauern und dafür sorgen, daß die Erde ausreichend mit lebenspendender Sonnenenergie versorgt wird.

4.2 Die Sonnenstrahlung und ihre spektrale Verteilung

Die durch Kernverschmelzungsprozesse gewonnene Sonnenenergie besteht vorwiegend aus hochenergetischen Photonen der unterschiedlichsten Frequenzen bzw. Wellenlängen, die zwangsläufig die unterschiedlichsten Energiewerte aufweisen. Hinzu kommen zahlreiche Neutrinos, die im Inneren der Sonne erzeugt werden.

Die Spektralverteilung der Sonnenstrahlung hat die in Bild 11 gezeigte Form. Die gestrichelte Linie respräsentiert die Werte außerhalb der Erdatmosphäre und trägt daher die Bezeichnung AM_0 (AM = Air Mass, dt. *„atmosphärische Massenzahl"*). Die durchgezogene Linie entspricht den Werten innerhalb der Erdatmosphäre unter einem bestimmten Einfallswinkel θ, der den Faktor m = 1,5 entspricht. Daher trägt

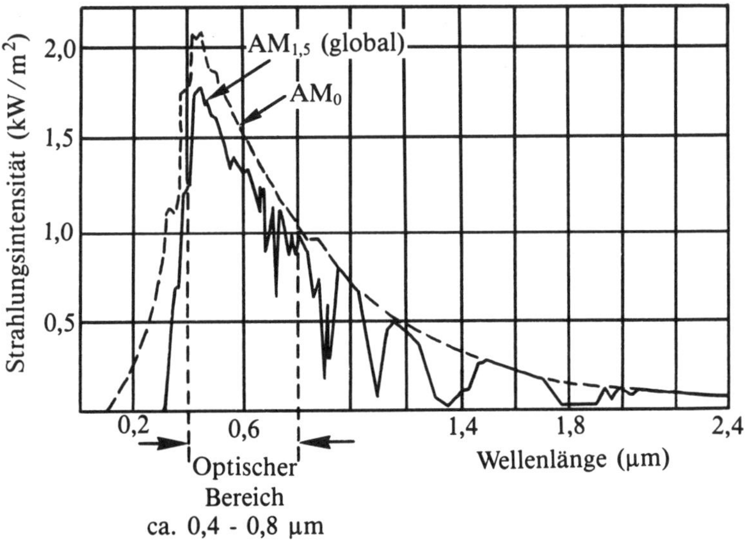

Bild 11: Spektralverteilung der Sonnenstrahlung.

sie die Bezeichnung $AM_{1,5}$. Dabei läßt sich dieser Faktor durch die folgende Beziehung berechnen (vgl. Bild 12):

$$m_\theta = 1/\sin\theta$$

Bei senkrechtem Einfall ($\theta = 90°$) ist $\sin \theta = 1$. Es entspricht also dem Wert von $m = 1$, d.h. AM_1. Dieser Wert repräsentiert die kürzeste Strecke, die die Sonnenstrahlung innerhalb der Erdatmosphäre durchläuft, bis sie den Erdboden erreicht. Je kleiner mithin der Winkel wird, desto größer wird die entsprechende Strecke und damit auch der Einfluß der Erdatmosphäre auf die Spektralverteilung der Sonnenstrahlung. Größere m-Werte bedeuten also einen größeren Einfluß der Erdatmosphäre auf die Spektralverteilung der Sonnenstrahlung. Für Raumfahrtanwendungen - etwa bei der Stromversorgung von Satelliten durch Solarzellen - wird naturgemäß der Wert AM_0 zugrundegelegt, da in diesem Fall die Erdatmosphäre unberücksichtigt bleiben kann. Für Anwendungen auf der Erdoberfläche dagegen wird im allgemeinen

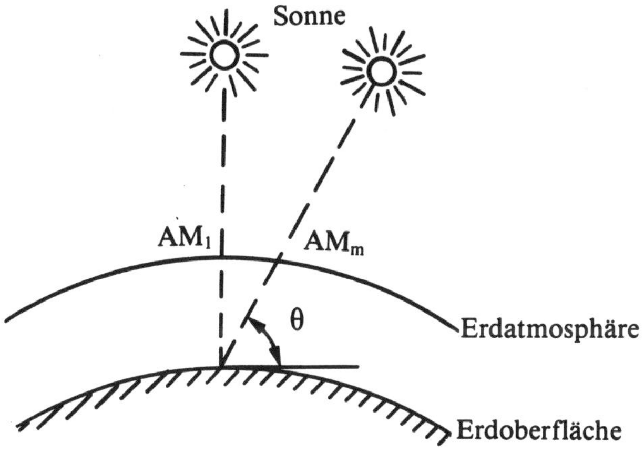

Bild 12: Zur Erläuterung der atmosphärischen Massenzahl AM (Air Mass).

ein Wert von $AM_{1,5}$ angesetzt. Er entspricht einem θ-Wert von 41,75°. Betrachtet man die durchgezogene Linie des Bildes 11, so stellt man fest, daß sie etliche Einbrüche aufweist, die auf die selektive Absorption der Sonnenstrahlung durch die Erdatmosphäre zurückzuführen sind. Überdies zeigt sie eine mit zunehmender Wellenlänge langsam abfallende Tendenz. Bei kürzeren Wellenlängen ist dagegen diese Tendenz stark ausgeprägt, so daß bei einer Wellenlänge von etwa 0,3 µm die Strahlungsintensität auf fast 0 sinkt. Die größte Intensität liegt im sichtbaren Bereich, d.h. zwischen 0,4 und 0,8 µm bzw. 400 und 800 nm. Prozentuell betrachtet, gliedert sich die Sonnenstrahlungsintensität folgendermaßen:

- Infrarotes Licht: ca. 53%
- Sichtbares Licht: ca. 44%
- Ultraviolettes Licht: ca. 3%

Der Mittelwert der Strahlungsintensität außerhalb der Erdatmosphäre repräsentiert die bereits erwähnte Solarkonstante von 1,39 kW/m^2. Innerhalb der genannten drei Spektralbereiche herrschen die folgenden Strahlungsintensitätswerte:

- Ultravioletter Bereich (bis 380 nm): 95 W/m^2
- Optischer Bereich (ca. 380 bis 780 nm): 640 W/m^2
- Infrarotbereich (von ca. 780 nm aufwärts): 620 W/m^2

Der Wert der Solarkonstante erfährt übrigens aufgrund der Elliptizität der Erdbahn um die Sonne geringfügige Schwankungen. Überdies entstehen insbesondere im ultravioletten Bereich geringe Fluktuationen aufgrund der Sonnenfleckenaktivitäten die einem elfjährigen Zyklus unterworfen sind. Sie liegen jedoch unter der Grenze von 0,5% und können für den praktischen Einsatz von Solarzellen vernachlässigt werden. Ebendies gilt für die durch die Bahnelliptizität verursachten Fluktuationen, die innerhalb eines Jahres nicht mehr als ± 0,02 kW/m^2 ausmachen.

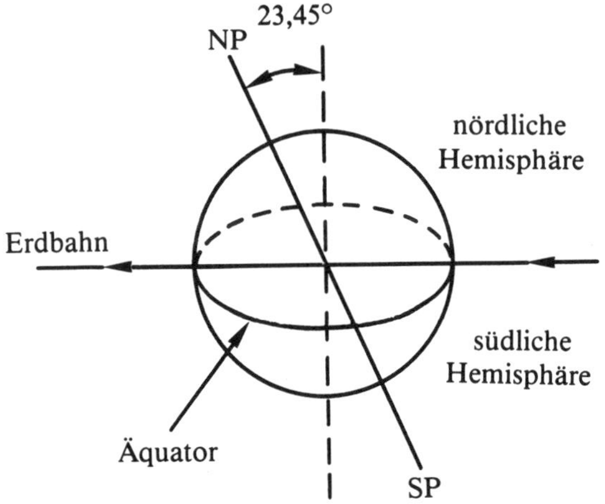

Bild 13: Die Neigung der Erdachse gegen die Ebene der Erdumlaufbahn um die Sonne beeinflußt naturgemäß den Wert der Sonnenstrahlungsintensität auf der Erdoberfläche.

Die starke Schwankung, die die Sonnenstrahlungsintensität auf der Erdoberfläche erfährt, hängt mit den von Ort zu Ort wechselnden Wetterverhältnissen und natürlich mit der Drehung der Erde um ihre Achse sowie nicht zuletzt mit der Neigung der Erdachse gegenüber der Erdumlaufbahn zusammen. Die Erde dreht sich mit einer Periodendauer von 24 Stunden um ihre Achse, die um den Winkel $\theta = 23{,}45°$ gegen die Ebene der Erdumlaufbahn um die Sonne geneigt ist (vgl. Bild 13). Bei senkrechter Einstrahlung ($\theta = 0°$) weist die Sonnenstrahlungsintensität ihren maximalen Wert I_0 auf. Bei sonstigen Neigungswinkeln gilt das bekannte Cosinusgesetz $I = I_0 \cdot \cos \theta$.

4.3 Sonnenstrahlung und ihre technische Nutzung

Die Nutzung der Sonnenenergie kann im Prinzip auf eine mehr als 5000 Jahre alte Tradition zurückblicken. Zuerst wurde sie in Gestalt der Windenergie für Segelschiffe eingesetzt, später auch zur Trocknung von Biomasse. Die Ägypter nutzten sie, um mit Hilfe von Glasfenstern das Innere von Gebäuden zu belichten und zu beheizen. Dabei handelte es sich zunächst vor allem um öffentliche Gebäude, beispielsweise Tempel oder Bäder, deren Gewölbeöffnungen mit Glas bedeckt wurden. Dieses Verfahren wurde anschließend von den Griechen und den Römern übernommen und zum Teil verfeinert.

Die Araber gingen gar einen Schritt weiter und nutzten die Sonnenwärme für *„technische"* Zwecke, nachdem sie beobachtet hatten, daß mit Hilfe eines Gefäßes aus dünnem Glas Wasser destilliert werden kann. Erst im 12. Jahrhundert wurden Glasfenster auch im europäischen Raum verwendet.

Die Griechen wußten die Sonnenarchitektur z.B. in der Altstadt von Olynthus zu nutzen. Bekannt ist auch das Sokrates-Haus (vgl. Bild 14), das ebenfalls auf die Nutzung der Sonnenwärme angelegt war. In der Winterzeit, in der die Sonne tief am Horizont steht, kann ihre Strahlung weit ins Innere des Hauses dringen, in den Sommermonaten dagegen, in denen die Sonne hoch am Horizont steht, ist das Haus vor ihrem Eindringen geschützt, so daß die Innenräume wenig erwärmt werden.

Mitte des 18. Jahrhunderts trat Bernard Mouchot als Pionier der Nutzung der Sonnenenergie auf den Plan. Um die Wende zum zwanzig-

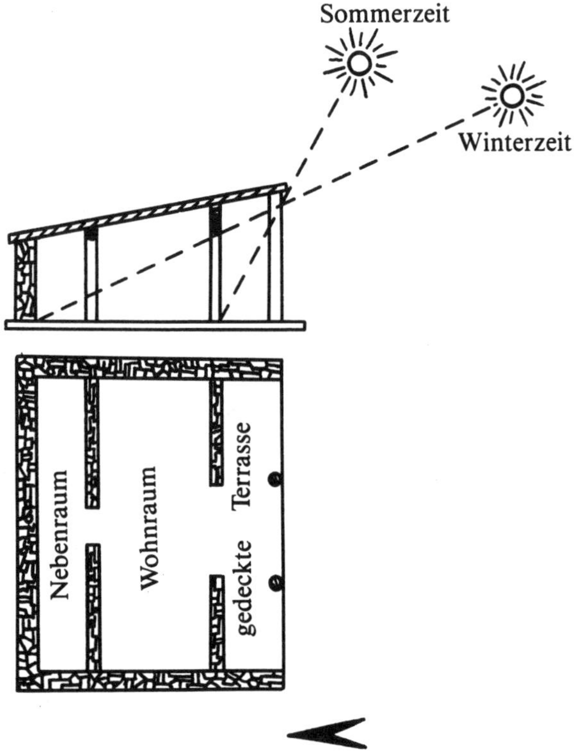

Bild 14: Passive Sonnenwärmenutzung am Beispiel des Sokrates-Hauses.

sten Jahrhundert gab es bereits solarbetriebene Wasserpumpen (vgl. Bild 15). In den 30er und 40er Jahren folgten die ersten Solarhäuser.

Später sind die diesbezüglichen Aktivitäten nahezu eingeschlafen, bis die Ölkrisen der 70er Jahre das Thema erneut aktuell machten. Seither sind die Fortschritte der Nutzung der Sonnenenergie nicht mehr zu übersehen.

Betrachten wir nun die Sonnenstrahlung etwas genauer. Zu ihrer quantitativen Erfassung wird der Begriff *„Globalstrahlung“* (G) benutzt. Darunter versteht man die gesamte auf eine waagrechte Fläche auftreffende Sonnenstrahlung, die sich aus der direkten (I) und der diffusen Strahlung (D) zusammensetzt. Es gilt also:

$$G = I + D$$

Bild 15: Solarbetriebene Wasserpumpe um die Jahrhundertwende.

Unter der diffusen Strahlung, die auch als *„Himmelsstrahlung"* bezeichnet wird, versteht man die durch Reflexion und Streuung des Sonnenlichts an den Wolken und den verschiedenen Partikeln der Erdatmosphäre hervorgerufene Strahlung. Der überwiegende Teil der Sonnenstrahlung unter unseren klimatischen Bedingungen stammt aus der diffusen Strahlung. Sie beträgt selbst während der Sommermonate rund 50% der Globalstrahlung. Bild 16 zeigt, daß diffuse und Globalstrahlung in den Wintermonaten nahezu identisch sind. Im Juni dagegen beträgt die tägliche (d) Globalstrahlung etwa 5,5 $kWh/m^2 \cdot d$, die diffuse Strahlung dagegen nur etwa 2,6 $kWh/m^2 \cdot d$.

Tabelle 7 veranschaulicht die mittlere Globalstrahlung in der Bundesrepublik Deutschland, die aus Messungen von 16 Meßstationen ermittelt wurde. Sie schwankt, wie man sieht, zwischen 0,58 $kWh/m^2 \cdot d$ im Dezember und 5,18 $kWh/m^2 \cdot d$ im Juni. Wird also eine Absorptionsfläche von 1 m^2 waagrecht auf der Erdoberfläche aufgestellt, so wird sie im Laufe eines Jahres eine mittlere Energiemenge von 0,74 x 31 + 1,38 x 28 + 2,40 x 31 + 3,68 x 30 + 4,86 x 31 + 5,18 x 30 + 4,90 x

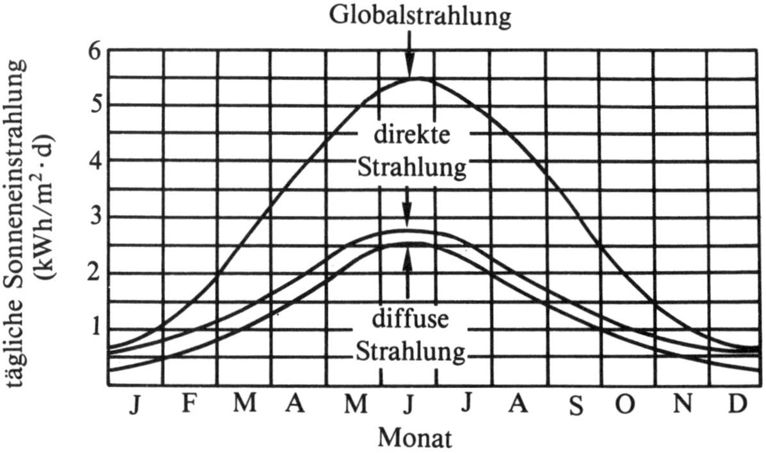

Bild 16: Globale, direkte und diffuse Sonnenstrahlung auf einer waagrechten Fläche.

31 + 4,28 x 31 + 3,09 x 30 + 1,78 x 31 + 0,87 x 30 + 0,58 x 31 = 1028,62 kWh aufnehmen. Eine im Weltraum installierte Fläche gleicher Größe hätte dagegen eine weitaus größere Energiemenge von ca. 1,4 kW x 24 h x 365 = 12 264 kWh aufgenommen. Das Verhältnis beider Werte beträgt 12 264/1028 ≈ 12. Der Unterschied erklärt sich daraus, daß die im Weltraum installierte Fläche ununterbrochen (d.h. Tag und Nacht) mit ca. 1,4 kW/m² bestrahlt wird. Auf der Erdoberfläche dagegen muß man nicht allein den Tag/Nacht-Rhythmus, sondern auch die Wetterverhältnisse ins Kalkül ziehen. So liegt beispielsweise die für unsere Breiten ermittelte jährliche Energiemenge von 1028,62 kWh um den Faktor 2,5 unter dem für die Sahara ermittelten Wert (vgl. Tabelle 8).

Die genannte jährliche Energiemenge von 1028,62 kWh/m² setzt voraus, daß die Sonnenstrahlung von der betreffenden Fläche zu 100% absorbiert wird. Geht man davon aus, daß die Fläche mit Solarzellen belegt ist, die einen Wirkungsgrad von z.B. 10% aufweisen, so könnte mit ihrer Hilfe eine elektrische Energie von nicht mehr als ca. 103 kWh jährlich gewonnen werden.

Tabelle 7: Mittlere Globalstrahlung ($kWh/m^2 \cdot d$) in Deutschland, ermittelt aus Messungen von 16 Meßstationen.

Nr.	Name	Jan.	Febr.	März	April	Mai	Juni	Juli	Aug.	Sept.	Okt.	Nov.	Dez.
1	Norderney	0,57	1,30	2,60	4,27	5,13	6,02	5,46	4,75	3,06	1,66	0,74	0,44
2	Hamburg	0,52	1,13	2,23	3,55	4,67	5,44	4,82	4,34	2,79	1,49	0,67	0,40
3	Braunschweig	0,63	1,16	2,24	3,43	4,65	5,20	4,77	4,21	2,79	1,50	0,70	0,42
4	Braunlage	0,74	1,34	2,40	3,51	4,42	4,95	4,79	4,16	2,78	1,67	0,76	0,51
5	Berlin	0,61	1,14	2,44	3,49	4,77	5,44	5,26	4,58	3,05	1,59	0,76	0,46
6	Bocholt	0,64	1,20	2,18	3,78	4,89	4,75	4,14	3,52	2,71	1,63	0,79	0,44
7	Gelsenkirchen	0,60	1,23	2,10	3,45	4,69	4,44	4,31	3,78	2,68	1,65	0,78	0,48
8	Maastricht, Aachen	0,69	1,34	2,29	3,61	4,75	5,00	4,82	4,26	3,06	1,76	0,88	0,54
9	Bonn	0,72	1,33	1,79	3,33	4,82	4,38	4,15	3,63	2,76	1,67	0,84	0,53
10	Trier	0,72	1,47	2,52	3,88	4,88	5,25	5,27	4,43	3,31	1,80	0,84	0,56
11	Geisenheim	0,70	1,22	2,07	3,59	4,72	4,85	4,52	4,07	2,87	1,52	0,77	0,54
12	Freiburg	0,76	1,34	2,52	3,59	4,71	5,20	4,83	4,55	3,46	1,92	0,99	0,72
13	Nürnberg	0,70	1,42	2,27	3,07	5,66	5,84	5,03	4,52	2,99	1,90	0,87	065
14	Würzburg	0,82	1,59	2,68	4,04	5,03	5,54	5,34	4,49	3,53	1,94	0,92	0,65
15	Weihenstephan	1,07	1,83	2,96	4,11	5,08	5,39	5,46	4,60	3,70	2,23	1,18	0,83
16	Hoher Peißenberg	1,38	2,05	3,17	4,15	4,89	5,13	5,40	4,62	3,85	2,62	1,43	1,12
	Durchschnitt	0,74	1,38	2,40	3,68	4,86	5,18	4,90	4,28	3,09	1,78	0,87	0,58

Tabelle 8: Jährliche Sonnenenergiemenge für einige europäische Städte und die Sahara.

Ort	Energie ($kWh/m^2 \cdot d$)
Sahara	2550
Marseille	1860
Paris	1500
Lugano	1500
Freiburg	1270
München	1168
Zürich	1160
Würzburg	1095
Berlin	1000
Hamburg	949
Braunschweig	936
London	927
BRD (Durchschnitt)	1022

Tabelle 9 gibt die mittlere Globalstrahlung in $kWh/m^2 \cdot d$ für München, Würzburg und Hamburg an.

Tabelle 9: Mittlere Globalstrahlung ($kWh/m^2 \cdot d$) in München, Würzburg und Hamburg.

	Jan.	Febr.	März	April	Mai	Juni	Juli	Aug.	Sept	Okt.	Nov.	Dez.
Müchen	1,5	2,0	3,0	4,0	5,0	5,0	5,0	4,5	3,5	2,5	1,5	1,0
Würzburg	0,8	1,5	2,6	3,9	4,9	5,4	5,2	4,4	3,4	1,9	0,9	0,6
Hamburg	0,5	1,1	2,2	3,4	4,5	5,3	4,7	4,2	2,7	1,4	0,6	0,6

Wird beispielsweise in München eine Fläche von 1 m^2 waagrecht aufgestellt, so wird sie im Laufe eines Jahres eine Energie von 1,5 x 31 + 2 x 28 + 3 x 31 + 4 x 30 + 5 x 31 + 5 x 30 + 5 x 31 + 4,5 x 31 +

3,5 x 30 + 2,5 x 31 + 1,5 x 30 + 1 x 31 = 46,5 + 60 + 93 + 120 + 155 + 150 + 155 + 139,5 + 105 + 77,5 + 45 + 31 = 1177,5 kWh aufnehmen. Dieser Wert stimmt mit dem entsprechenden Wert der Tabelle 8 weitgehend überein.

Kehren wir jedoch noch einmal zu Tabelle 7 zurück. Betrachtet man die maximale Globalstrahlung von 5,18 kWh/m^2 · d im Monat Juni und die minimale Globalstrahlung von 0,58 kWh/m^2 · d im Monat Dezember, so stellt man eine Fluktuation von 5,18/0,58 = 8,9 fest. Vergleicht man die Spitzenwerte dieser Tabelle, so ergibt sich gar eine Fluktuation von 6,02/0,4 = 15,05. Werte dieser Art verdeutlichen, wie *„ungünstig“* die Voraussetzung für die Installation von Solaranlagen hierzulande sind. Eine Absorptionsfläche von 1 m^2 kann demnach

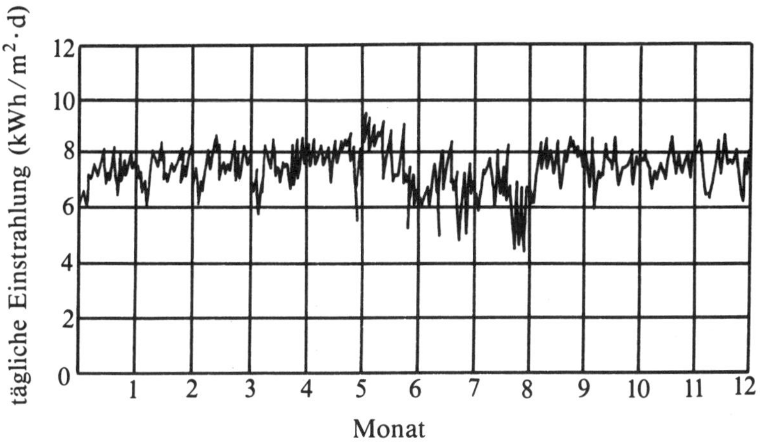

Bild 17: Tägliche Einstrahlung für Khartum im Sudan. Die Fluktuation liegt bei etwa 1,8, während in der Bundesrepublik Deutschland mit einem Wert von 8,9 zu rechnen ist (Genaueres im Text). (Quelle: Prof. Goetzberger)

täglich eine Energiemenge aufnehmen, die zwischen 0,4 kWh und 6,02 kWh variiert. Je kleiner die entsprechende Fluktuation ist, desto konstanter ist die zu gewinnende Solarenergie. Das Diagramm des Bildes 17 zeigt beispielsweise die tägliche Sonneneinstrahlung für Khartum im Sudan. Die Fluktuation weist dort einen Wert von nur etwa 1,8 auf.

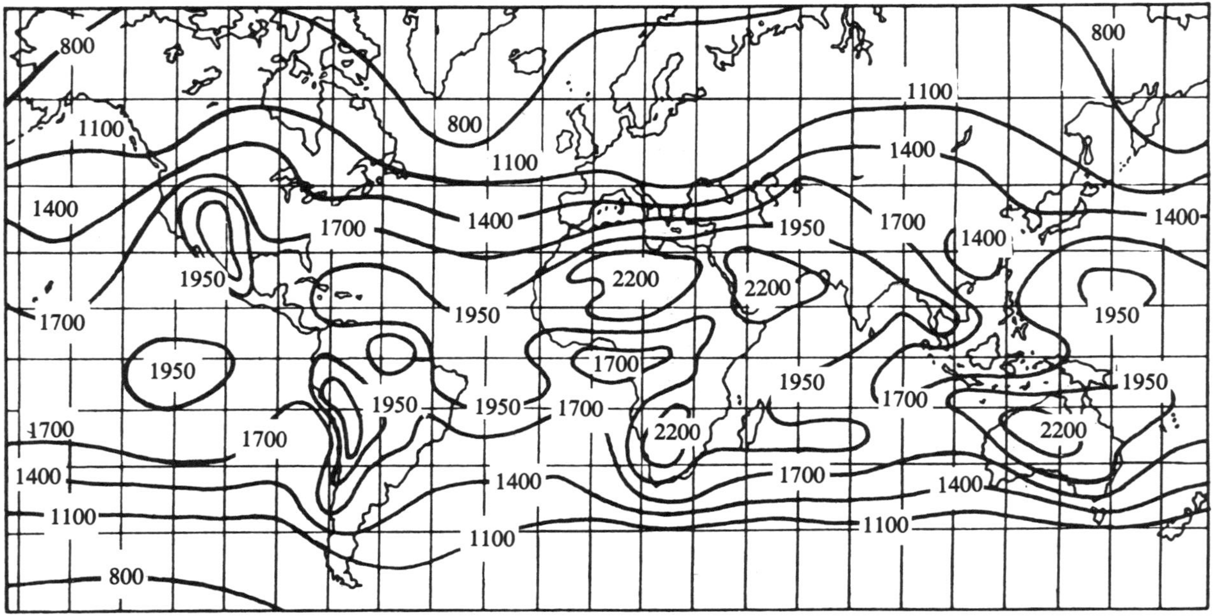

Bild 18: Jährliche Sonneneinstrahlung (kWh / m² · a) auf einer horizontalen Fläche.

Bild 18 zeigt die mittlere Globalstrahlung im Weltmaßstab. Dabei liegt die Bundesrepublik Deutschland im Bereich von 1100 kWh/m² · a. Dieser Wert stimmt mit dem zuvor berechneten Wert von 1028,62 kWh/m² · a nahezu überein. Skandinavien liegt im Bereich von nur 800 kWh/m² · a, während Nordafrika, Saudi-Arabien und Teile von Südamerika einen Wert von ca. 2000 kWh/m² · a aufweisen.

Bild 19 veranschaulicht die durchschnittliche Anzahl der Sonnenscheinstunden pro Jahr in der Bundesrepublik Deutschland. Sie liegt zwischen 1400 und 1800 Stunden und damit weit unterhalb der entsprechenden Werte vieler südlicher gelegener Länder.

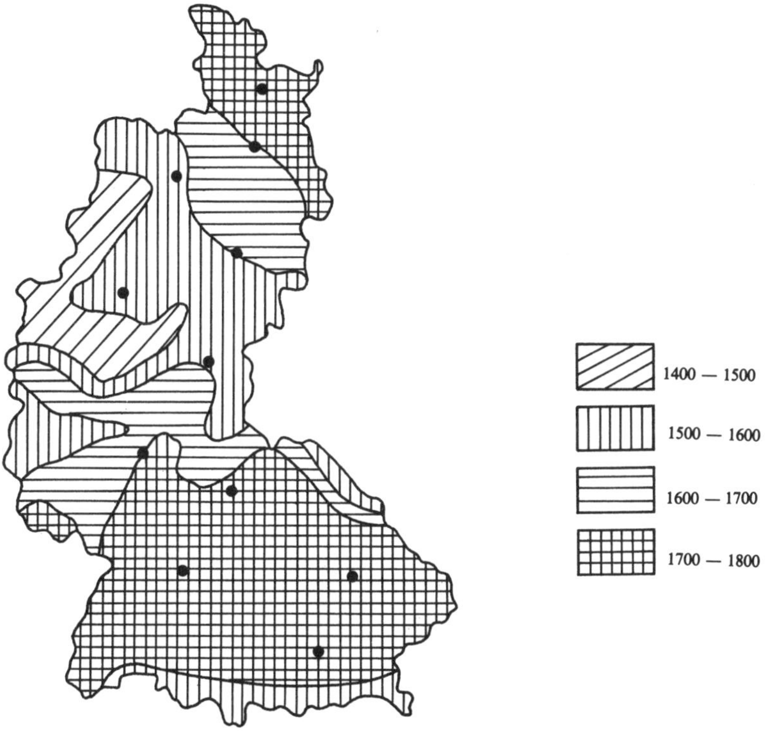

Bild 19: Durchschnittliche Anzahl der Sonnenscheinstrunden pro Jahr in der Bundesrepublik Deutschland.

Die in den Tabellen 7 und 9 angegebenen Werte beziehen sich, wie gesagt, auf eine waagrechte Fläche. Stellt man beispielsweise in Würzburg einen 1 m^2-Absorber waagrecht auf den Erdboden, so nimmt er im Monat März täglich 2,68 kWh auf (2,68 kWh/$m^2 \cdot$ d). Im Laufe des gesamten Monats, d.h. innerhalb von 31 Tagen beträgt die aufgenommene Energie 31 x 2,68 kWh = 83 kWh. Im Monat August beträgt sie 31 x 4,49 kWh = 139 kWh. Im Laufe des ganzen Jahres beläuft sie sich auf 31 x 0,82 + 28 x 1,60 + 31 x 2,68 + 30 x 4,04 + 31 x 5,03 + 30 x 5,54 + 31 x 5,34 + 31 x 4,49 + 30 x 3,53 + 31 x 1,94 + 30 x 0,92 + 31 x 0,65 = 25,42 + 44,8 + 83,08 + 121,2 + 155,93 + 166,2 + 165,54 + 139,19 + 150,9 + 60,14 + 27,6 + 20,15 = 1115,15 kWh.

In der Gegend von Würzburg nimmt also eine Fläche von 1 m^2 im Laufe eines Jahres eine Energiemenge von 1115 kWh auf. Bestünde diese Fläche aus einem Solarmodul mit einem Wirkungsgrad von 10%, so würde es eine elektrische Energie von 111,5 kWh jährlich liefern. Diese Energie kann gesteigert werden, indem man das betreffende Modul nach Süden ausrichtet. Die erforderliche Neigung ist vom Breitengrad des betreffenden Ortes abhängig. Der maximale Energiegewinn wird erzielt, wenn der Neigungswinkel um etwa 20° niedriger liegt als der Breitengrad des Installationsortes. Für Deutschland bedeutet dies einen Winkel von ca. 50° - 20° = 30°. Wählt man einen größeren Neigungswinkel, so ist der Energieertrag während der Wintermonate günstiger als während der Sommermonate, da die Sonne im Winter tiefer am Horizont erscheint. Will man also hierzulande den Energieertrag nicht generell, sondern allein während der Wintermonate maximieren, da in dieser Zeit mehr Energie als während der restlichen Jahreszeit benötigt wird, so wählt man einen Neigungswinkel, der deutlich höher als 30° liegt (z.B. 50°).

Den durch solche Maßnahmen zu erzielenden Gewinn berechnet man in der Praxis mit Hilfe eines Korrekturfaktors, mit dem der zuvor ermittelte Wert multipliziert wird. Dieser Faktor liegt zwischen 1,2 und 1,5. Im Falle des vorausgehenden Rechenbeispiels wäre eine Energiemenge zwischen 111,5 x 1,2 kWh und 111,5 x 1,6 kWh, d.h. zwischen 133,8 kWh und 178,4 kWh zu erwarten.

Auch ein Neigungswinkel in Südwest/Südost-Richtung führt zu einer besseren Nutzung der Sonneneinstrahlung und damit zu einem entsprechenden Energiegewinn. Die beste Nutzung wird jedoch erreicht, wenn die betreffende Fläche der Sonne nachgeführt, d.h. wenn der Neigungswinkel mit der Tageszeit, die Orientierung mit der Jahreszeit variiert wird. Eine solche doppelte Nachführung ist allerdings mit einem erheblichen technischen Aufwand verbunden und wird daher nur selten realisiert. Die entsprechenden Apparaturen nennt man Heliostaten. Der zusätzliche Energieertrag, der durch eine solche zweiachsige Nachführung zu erzielen ist, hängt naturgemäß vom Breitengrad des Installationsortes ab. Je südlicher der Installationsort gelegen ist, desto größer ist der Energiegewinn. Hierzulande liegt er bei etwa 25%, in Afrika bei etwa 60%.

5 Wasserstoff und seine Gewinnung

5.1 Allgemeines

Das Wasserstoffatom, das aus einem einzigen Proton und einem einzigen Elektron besteht (vgl. Bild 20), stellt, wie erwähnt, das einfachste und zugleich leichteste Atom dar. Kompliziertere Atome bestehen aus mehreren Nukleonen (Protonen und Neutronen) und entsprechend mehreren Elektronen.

Der Umstand, daß die Bindungsenergie und somit die äquivalente

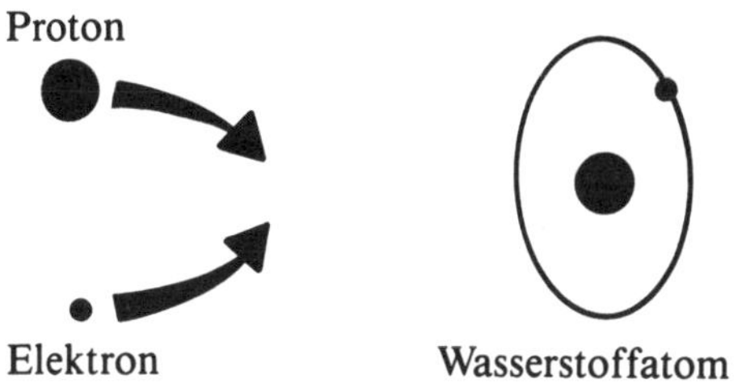

Bild 20: Die Vereinigung eines Protons (p^+) und eines Elektrons (e^-) führt zur Entstehung eines Wasserstoffatoms.

Masse zwischen Proton und Elektron eines Wasserstoffatoms sehr gering ist, hat zur Folge, daß seine Gesamtmasse praktisch der Summe der Ruhemassen des Protons und des Elektrons entspricht. Sie beträgt $1{,}6733 \cdot 10^{-24}$ g bzw. $1{,}6733 \cdot 10^{-27}$ kg. Danach besteht 1 kg Wasserstoff aus $1/1{,}6733 \cdot 10^{-27}$ kg $\approx 6 \cdot 10^{26}$ Atomen.

Der Durchmesser eines Wasserstoffatoms beträgt ca. 10^{-8} cm.

Bei normaler Temperatur ist Wasserstoff gasförmig und zugleich farb-, geschmack- und geruchlos. Erst bei etwa -250 ° C geht er in einen flüssigen Zustand über. Die weiteren Kenndaten dieses chemischen Elementes lauten wie folgt:

- Molekulargewicht: 2,016 g/Mol
- Spezifisches Volumen (flüssig): 14,31 l/kg
- Dichte:
  - (20° C; 1 atm) 84 g/m^3
  - (flüssig; -252° C) 71 kg/m^3
- Flammentemperatur (in Luft): 2045° C
- Zündtemperatur (min): 574° C
- Zündgrenzen (in Luft): 4,0 - 75 vol %
- Zündgrenzen (mit O_2): 4,65 - 93,9 vol %
- Explosionsenergie: 2 kg TNT/m^3

Der Inhalt eines Kubikmeters flüssigen Wasserstoffs beträgt also 71 kg. Er liefert eine Energiemenge von maximal 2797 kWh bzw. 339 SKE. In gasförmigem Zustand sowie bei einer Temperatur von 0° C und einem Druck von 1,013 bar beträgt das Gewicht eines Kubikmeters nur 0,084 kg. Die gelieferte Energiemenge beläuft sich auf maximal 3,60 kWh bzw. 0,43 SKE (vgl. Tabelle 3).

Wasserstoff stellt heute einen der wichtigsten Rohstoffe für die Synthese chemischer Verbindungen dar. Überdies wird er reichlich in der Petrochemie eingesetzt. Wasserstoff findet also sowohl als nichtenergetischer als auch als indirekt energetischer Rohstoff weite Anwendungen. Es liegen somit reiche Erfahrungen bezüglich der Handhabung dieses Elements vor, die für seine künftige Nutzung als Energieträger im Rahmen einer Solarwasserstoff-Wirtschaft sicherlich von Bedeutung sind.

Weltweit werden derzeit etwa $3,5 \cdot 10^{11}$ m^3 Wasserstoff pro Jahr eingesetzt, von denen etwa 47% für die Ammoniak-Herstellung und etwa 41 % für die Petrochemie verwendet werden, d. h. also insgesamt etwa 88 % des Gesamtvolumens. Weitere 5 % werden zur Herstellung von Methanol eingesetzt. Der verbleibende Rest findet in der Metallurgie und für sonstige industrielle Zwecke Verwendung.

In der Bundesrepublik Deutschland werden jährlich mehr als 20 Mrd. m^3 Wasserstoff verarbeitet, wobei etwa 35% für die Herstellung von Ammoniak eingesetzt werden.

In der Nahrungsindustrie wird hochreiner Wasserstoff für die Hydrisierung natürlicher Fette und Öle zu Nahrungsfetten verwendet. Dabei ist für die Fetthärtung einer einzigen Tonne, eine Menge von 4 bis 12 m^3, also eine relativ große Menge erforderlich. Überdies wird Wasserstoff für die Hydrierung von Fettsäuren zu technischen Fettalkoholen verwendet.

Die Metallurgie verwendet Wasserstoff als Reduktionsmittel bei der Herstellung von Nichteisenmetallen wie beispielsweise Nickel oder Wolfram. Dabei sind etwa 350 m^3 Wasserstoff pro Tonne Nickel erforderlich.

Die Halbleiterindustrie verwendet hochreinen Wasserstoff für die Verarbeitung von Silizium, das für die Herstellung nicht allein von Halbleiterbauelementen, sondern auch von Solarzellen eingesetzt wird.

Bei der Veredelung von Erdöl, Schweröl oder Kohle zu qualitativ hochwertigen flüssigen und gasförmigen Energieträgern werden ebenfalls beträchtliche Mengen von Wasserstoff eingesetzt. Das gleiche gilt für die Erzeugung zahlreicher Chemiestoffe.

Aus Braunkohle, die weitgehend aus Kohlenstoff (C) und Wasserstoff (H) besteht, können die verschiedensten veredelten Produkte mit den unterschiedlichsten H/C-Verhältnissen hergestellt werden, wobei auf der untersten Stufe der Skala Haushaltsbraunkohle (H/C = 1), auf der obersten, Methan (H/C = 4) steht. Dazwischen liegen Erdöl, Buton, Äthan und Erdgas. Um 1 t Rohöl zu leichten Destillaten zu veredeln, sind zwischen 400 und 2850 m^3 Wasserstoff erforderlich. Das gleiche gilt für die Erzeugung von 1 t Methan aus 1 t Kohle. Durch den Einsatz von Wasserstoff erhöht sich naturgemäß die äquivalente Energie der erzeugten Energieträgerprodukte um 10% bis 100% des ursprünglichen Wertes.

Auch die Umwandlung der noch reichlich vorhandenen Kohlenvorräte in synthetische Kohlenwasserstoffe, die als Grundstoffe der chemischen Industrie dienen, erfordert den Einsatz von Wasserstoff. Wasserstoff weist also auch als Rohstoff universellen Charakter auf.

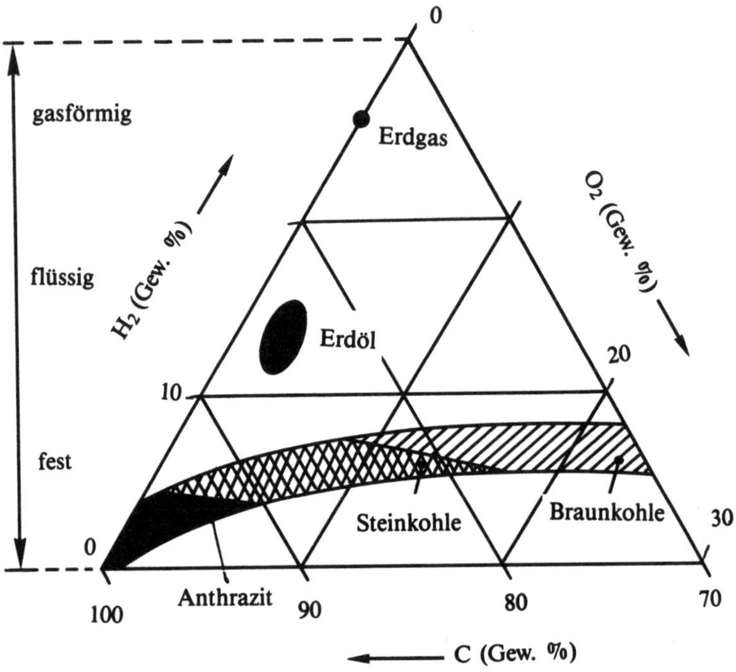

Bild 21: Zusammensetzung der fossilen Energieträger Kohle, Erdöl und Erdgas (nach Bachl).

5.2 Die technische Gewinnung von Wasserstoff

Für die Wasserstoffgewinnung stehen mehrere Verfahren zur Verfügung, darunter solche, die auf fossilen wasserstoffhaltigen Energievorräten basieren. Nach heutigem Erkenntnisstand ist die Wasserstoffgewinnung durch das Elektrolyseverfahren, durch das Wasser mit Hilfe von elektrischem Strom bzw. Solarstrom in seine Bestandteile Wasserstoff (H_2) und Sauerstoff (O_2) gespalten wird, der effizienteste Weg. Solarstrom kann seinerseits mit Hilfe der Photovoltaik gewonnen werden. Es kann jedoch auch solare Prozeßwärme oder Windenergie benutzt werden, um mit Hilfe von Elektrogeneratoren den für die Wasserspaltung erforderlichen Strom zu erzeugen.

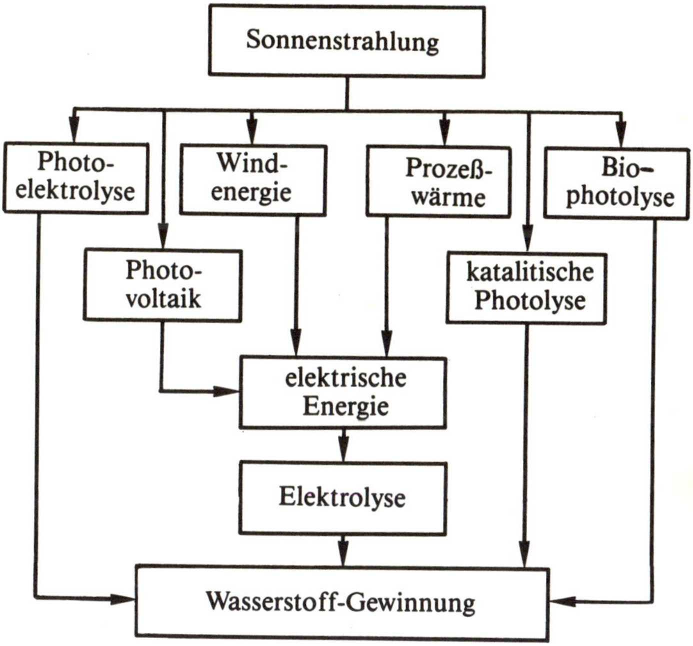

Bild 22: Wege der Wasserstoffgewinnung mit Hilfe von Sonnenenergie.

Bei der Wasserelektrolyse unterscheidet man im übrigen zwei Verfahren, von denen das erste den gegenwärtigen Stand der Technik repräsentiert, während sich das zweite noch im Entwicklungsstadium befindet. Konkret handelt es sich dabei um die folgenden Verfahren:

- Alkalische Wasserspaltung (konventionelle und fortgeschrittene);
- Hochtemperatur-Wasserspaltung (Heißdampf-Elektrolyse).

Außer dem Elektrolyseverfahren stehen weitere Verfahren zur Spaltung von Wasser und damit zur Gewinnung von Wasserstoff zur Verfügung. Auch sie befinden sich jedoch einstweilen im Stadium der Erforschung.

Dabei handelt es sich um die katalytische Photolyse, die Photoelektrolyse und die Biophotolyse (vgl. Bild 22).

5.3 Wasserelektrolyse

Kommt zweiwertiger Sauerstoff (O) in Berührung mit einwertigem Wasserstoff (H), so entsteht ein Wassermolekül (vgl. Bild 23), wobei die folgende chemische Reaktion stattfindet:

$$H_2 + 1/2\ O_2 \rightarrow H_2O + Q$$

Bei dieser Reaktion wird also neben Wasser eine bestimmte Energiemenge Q freigesetzt, die pro Mol Wasser (1 Mol Wasser = 18 g) $2{,}985 \cdot 10^5$ Joule beträgt. Sie entspricht $2{,}895 \cdot 10^5 /60 \times 60 \approx 80$ Wh = 0,08 kWh.

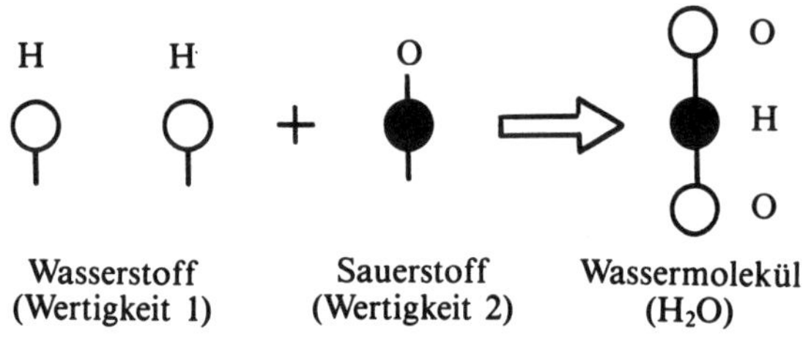

Bild 23: Die Verbindung von einwertigem Wasserstoff mit zweiwertigem Sauerstoff führt zur Bildung von Wasser, wobei zugleich eine bestimmte Menge von Wärmeenergie freigesetzt wird.

Die genannte Reaktion läßt sich naturgemäß durch Energiezufuhr - etwa in Form von Wärme - umkehren. Wird beispielsweise Wasserdampf auf mehr als 1000° C erhitzt, so wird ein mit steigender Temperatur zunehmender Anteil des Wasserdampfes in Wasserstoff und Sauerstoff gespalten. Aus Wasser entstehen also die Gase Wasserstoff und Sauerstoff.

In der Praxis kann das genannte Verfahren jedoch kaum verwendet werden, da zum einen geeignete Materialien fehlen, die den auftretenden hohen Temperaturen standhalten, zum anderen das Gemisch aus Dampf, Wasserstoff und Sauerstoff sehr schnell abgekühlt werden müßte, damit die Wasserspaltung überhaupt gelingt. Man kann allerdings die benötigte Energie in Form von elektrischer Energie zuführen, so daß die genannte Reaktion unter normalen Temperaturen abläuft. Eben dieses Verfahren stellt die Wasserelektrolyse dar. Dabei muß die zugeführte elektrische Energie mindestens der Energie entsprechen, die bei der Bildung von Wasser freigesetzt wird, d.h. 0,08 kWh/Mol bzw. 0,08 x 1000/18 = 4,44 kWh/kg.

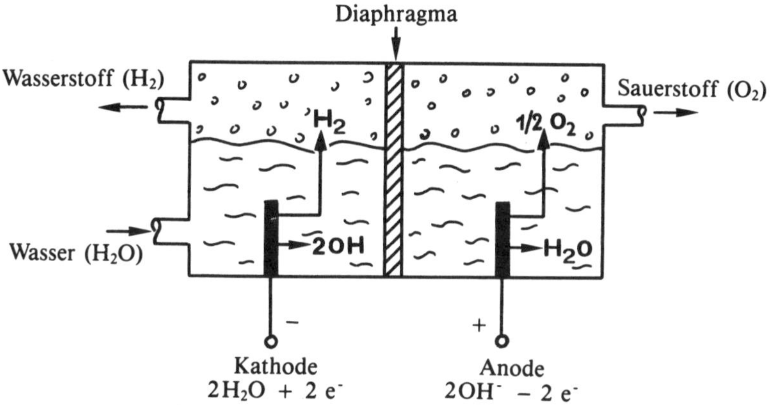

Bild 24: Funktionsprinzip der alkalischen Wasserelektrolyse.

Das Funktionsprinzip dieses Verfahrens veranschaulicht Bild 24. Es stellt eine Elektrolysezelle dar, die zwei Elektroden - eine Kathode und eine Anode - enthält, die an eine Stromquelle angeschlossen sind. Beide Elektroden sind in die wäßrige Lösung einer Säure (z.B. Kalilauge) oder eines Salzes (z.B. Natriumsulfat) getaucht. Die von der Kathode, d.h. dem negativen Pol der Stromversorgung gelieferten Elektronen (e^-) lösen beim Übertritt aus dem Metall in den Elektrolyten die folgende chemische Reaktion aus:

$$2\,H_2O + 2\,e^- \rightarrow H_2 + 2\,OH^-$$

Hier wird also Wasserstoff freigesetzt, und zugleich werden Hydroxin-Ionen erzeugt. An der Anode dagegen, die mit dem positiven Pol der Stromversorgung verbunden ist und in deren Umgebung daher ein Mangel an Elektronen herrscht, wird die chemische Reaktion

$$2\,OH^- - 2\,e^- \rightarrow 1/2\,O_2 + H_2O$$

ausgelöst, d.h., es wird Sauerstoff freigesetzt und zugleich Wasser erzeugt. Die praktische Ausführung einer alkalischen Elektrolysezelle

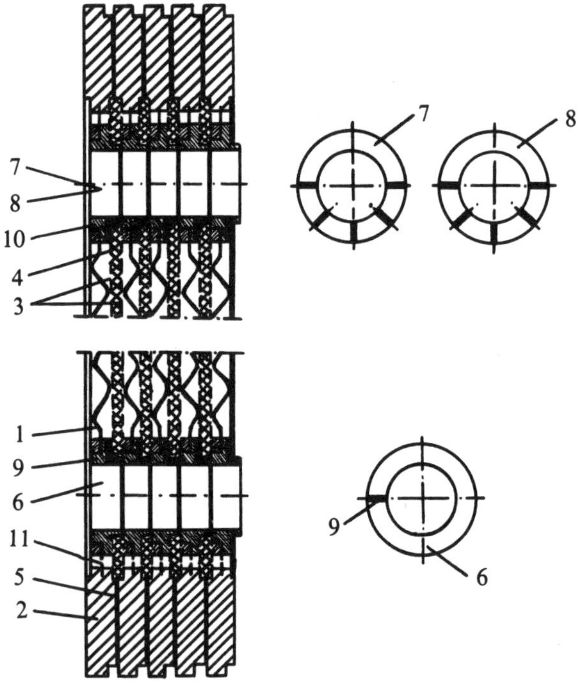

Bild 25: Funktionsprinzip eines alkalischen Wasserelektrolyseurs. Darin bedeuten: (1) Zellentrennwand (Waffelblech); (2) Zellenrahmen; (3) Elektrodengewebe; (4) Asbestdiaphragma; (5) Dichtungsring; (6) Elektrolytkanal; (7) H_2-Kanal; (8) O_2-Kanal; (9) Bohrung im Elektrolytkanal; (10) Bohrungen in den Gaskanälen; (11) Durchlaßöffnungen im Waffelblech.

zeigt Bild 25. Zur Trennung des Anoden- und Kathodenraumes wird ein poröses Asbestdiaphragma (4) verwendet. Dadurch wird verhindert, daß sich die bei der Wasserspaltung entstehenden Gase Wasserstoff und Sauerstoff vermischen.

Elektrolysezellen dieser Art werden heute bei Großanlagen bis zu einigen MWe verwendet, in denen Hunderte dieser Zellen zusammengefaßt sind. Auf diese Weise entstehen sogenannte Zellenstapel mit einem Durchmesser von 1 m und einer Länge von 10 m. Dabei besteht die Möglichkeit, den inneren Widerstand der mit Kalilauge gefüllten Zellen durch die Verwendung von sehr dünnen, dennoch aber mechanisch stabilen und chemisch widerstandsfähigen Diaphragmen zu verringern, wodurch der Wirkungsgrad der betreffenden Anlage vergrößert wird.

Die kommerziell angebotenen Elektrolyseure sind bipolar aufgebaut und weisen eine Vielzahl hintereinandergeschalteter Einzelzellen auf, wobei die Gesamtzahl stets so gewählt werden kann, daß die geforderte Gasmenge gewonnen werden kann.

Bild 26 zeigt den Gesamtaufbau eines Druckelektrolyseurs der Firma Lurgi, d.h. einer Anlage, die die gewonnenen Gase unter einem bestimmten Überdruck liefert. Dabei handelt es sich um eine Anlage mit je 70-139 Einzelzellen-Blöcken bzw. Zellenpaketen. Diese Pakete sind durch die Kopfplatten (3) mit Hilfe der Zuganker (4) zusammengepreßt. Die Preßkraft dieser Anker ist so groß, daß eine absolut zuverlässige Abdichtung aller Zellen gewährleistet ist. Die unteren beiden Zuganker liegen auf den Füßen der Anlage und tragen somit den ganzen Apparat.

Die Gemische von Lauge und Wasserstoff bzw. von Lauge und Sauerstoff treten durch Gaskanäle (5) aus den Zellenblöcken aus, durchströmen die Rohrbogen (6) und fließen dann in die Gasabscheider (7 + 8), in denen die Gase von der umlaufenden Lauge getrennt werden. Der Wasserstoff steigt im Wasserstoffabscheider (7) hoch, durchströmt einen Tropfenabscheider (9), in dem, mitgerissene Laugetröpfchen aus dem Gas entfernt werden, und verläßt schließlich über das Regelventil (10) die Anlage. Der Sauerstoff steigt im Sauerstoffabscheider (8) hoch, durchströmt ebenfalls einen Tropfenabscheider (11) und verläßt die An-

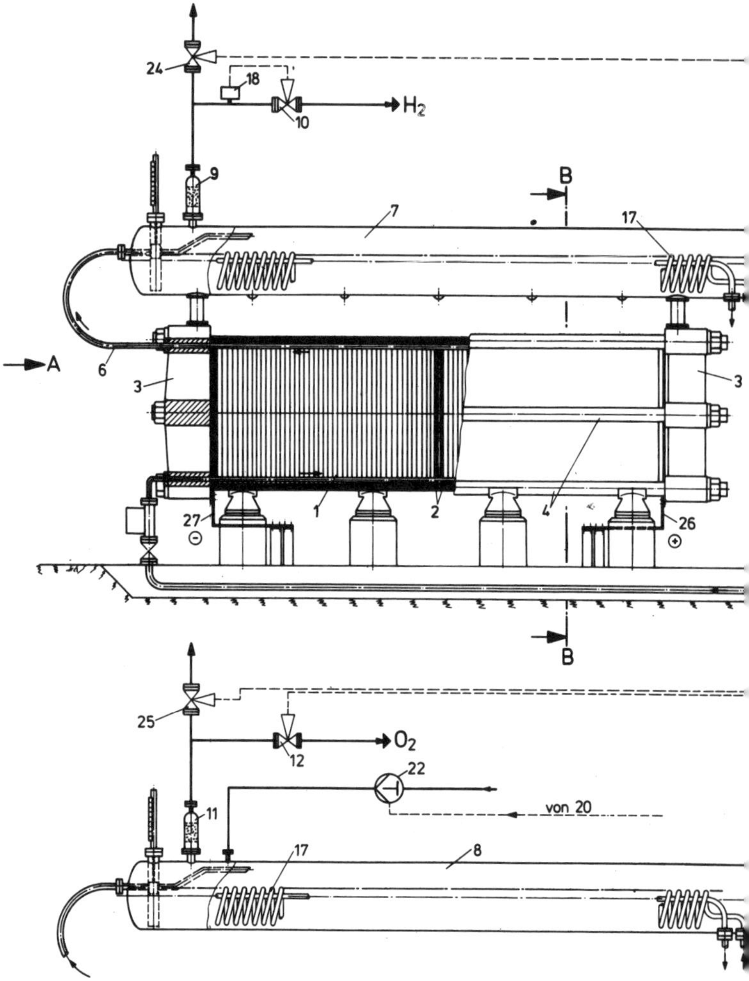

1 Zellenblock
2 Endplatte
3 Kopfplatte
4 Zuganker
5 Gaskanal
6 Rohrbogen
7 Gasabscheider für H_2
8 Gasabscheider für O_2
9 Tropfenabscheider für H_2
10 Regelventil für H_2-Druckregelung
11 Tropfenabscheider für O_2
12 Regelventil für O_2-Niveauregelung
13 Umlaufpumpe
14 Laugefilter

Bild 26: Praktischer Aufbau eines aus mehrere

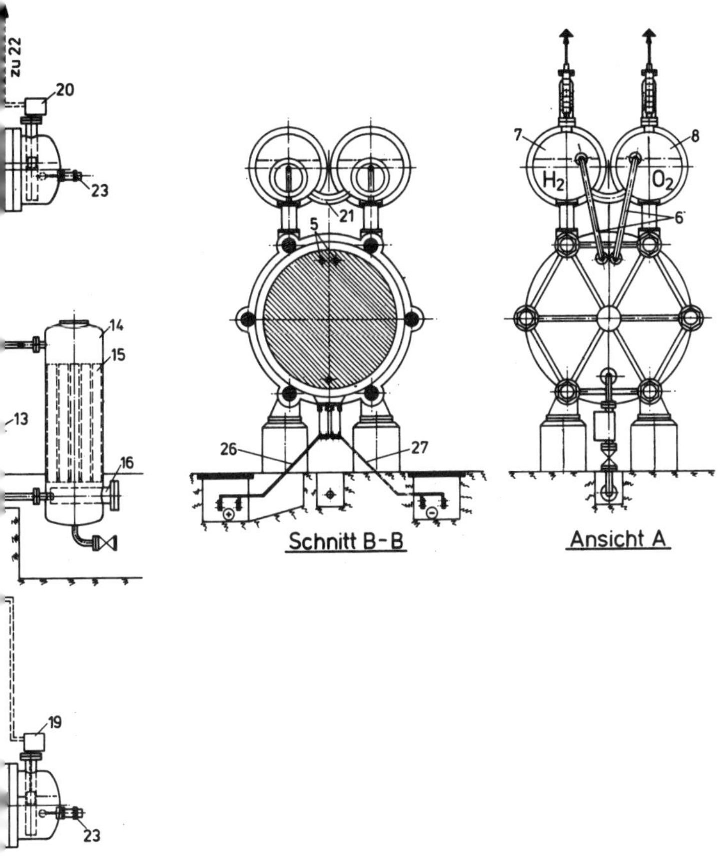

lterstäbe
achfilter
ühlschlange
rückregler
iveauregler O_2
iveauregler H_2
ohrbogen

22 Speisewasserpumpe
23 Elektrischer Schalter
24 Entspannungsventil H_2
25 Entspannungsventil O_2
26 Stromschiene für Gleichstromzuleitung (+ Pol)
27 Stromschiene für Gleichstromzuleitung (- Pol)

llen bestehenden Elektrolysezellen-Blocks.

(Zeichnung: Firma Lurgi)

lage über das Regelventil (12). Die Kühlung der beiden Gase erfolgt in indirekt wirkenden Kühlern.

Der Elektrolyt fließt aus den Gasabscheidern (7 + 8) einer Umlaufpumpe (13) zu, die die Flüssigkeit über ein Filter (14) in die Zellen zurückbefördert.

Die beim Elektrolysevorgang entstehende Wärme wird durch Kühlwasser abgeführt, das durch die Kühlschlangen(17) strömt. Als Kühlwasser wird ein Kondensat verwendet, das in einem geschlossenen Kreislauf zirkuliert und seine Wärme in einem Wärmeaustauscher an das Werkskühlwasser liefert. Bei diesem Wärmeaustauscher handelt es sich um eine Einheit, die getrennt von der Anlage aufgestellt wird und auf der Werkskühlwasserseite leicht gereinigt werden kann. Eine Verschmutzung oder Verkrustung der Kühlschlangen ist dadurch ausgeschlossen.

Die Anlage ist zweifach gegen Überdruck abgesichert. Bei Überschreiten des normalen Betriebsdrucks spricht zunächst ein elektrischer Druckkontakt an, der den Gleichstrom abschaltet. Dadurch kann kein weiterer Druckanstieg auftreten, da das Ansteigen des Druckes durch die entstehende Gasmenge verursacht wird. Der elektrische Druckkontakt löst gleichzeitig ein akustisches und ein optisches Signal aus. Zusätzlich ist die Anlage durch ein Sicherheitsventil abgesichert, das sich bei weiterem Ansteigen des Druckes oder bei einem Versagen des Druckkontaktes öffnet und für eine Druckbegrenzung durch Abblasen des Gases in die Atmosphäre sorgt.

Die Anlage ist ebenfalls mehrfach gegen ein Eindringen von Wasserstoff aus dem Abscheider (7) in den Sauerstoffraum des zweiten Abscheiders (8) gesichert. Dies geschieht durch die Kontrolle des Laugenniveaus in den Abscheidern. Falls das Niveau in einem Abscheider infolge einer Störung, beispielsweise am Niveauregler, absinken sollte, spricht zunächst ein elektrischer Schwimmerschalter (23) an, der den Gleichstrom abschaltet. Damit wird eine weitere Niveauverschiebung verhindert, da kein Gas mehr gewonnen wird, das eine Niveauverschiebung hervorrufen würde. Gleichzeitig wird durch diesen Schalter ein optisches sowie ein akustisches Signal ausgelöst. Als zweite Sicherung wird automatisch ein Ventil (24) bzw. (25) zur Atmosphäre geöffnet, das von einem Abgriff am Niveautransmitter (19) bzw. (20) in dem Abscheider betätigt wird, in dem das Niveau zu niedrig ist. Dadurch entsteht in diesem Abscheideraum eine leichte Drucksenkung gegenüber dem anderen Abscheider, so daß sich die Niveaus selbsttätig ausgleichen. Zusätzlich zu diesen Sicherheitsvorkehrungen werden meistens

Bild 27: Beispiel eines Druck-Elektrolyseurs für die Gewinnung von 740 m^3/h Wasserstoff und 370 m^3/h Sauerstoff. (Foto: Firma Lurgi)

weitere Sicherheitsmaßnahmen getroffen, so daß ein Betriebsunfall kaum denkbar ist. So enthalten beispielsweise die Installationsräume solcher Anlagen geeignete Sensoren, die die eventuell entweichenden Gase aufspüren. Überdies werden bei möglichem Überdruck automatisch Fenster geöffnet. Bild 27 zeigt einen Elektrolyseur der Firma Lurgi. Dabei handelt es sich um eine relativ kleine Anlage, die 740 m^3 Wasserstoff und 370 m^3 Sauerstoff pro Stunde produzieren kann.

Angesichts des steigenden Bedarfs an Elektrolyseuren bemüht sich z. Z. die Industrie, den Wirkungsgrad solcher Anlagen zu verbessern. Hierfür werden die verschiedensten Verfahren erprobt, darunter die Membrantechnologie, d. h. der Einsatz von Ionenaustauschmembranen als polymerer Festelektrolyt. Die Firma MBB arbeitet beispielsweise an einem Elektrolyseur, bei dem die beiden Elektroden direkt auf dem Diaphragma angebracht sind. Ein spezielles Fertigungsverfahren ermöglicht es, die verwendeten Nickel-Elektroden auf eine knapp fingernagelstarke Folie aufzusintern. So entsteht ein sogenanntes Cermet-Diaphragma, das so dünn ist, daß sich die Ionen auf dem kurzen Wege zwischen den beiden Elektroden nicht vorzeitig vereinen, wodurch ein hoher Wirkungsgrad erreicht wird.

Ursprünglich lieferten die Elektrolyseure die gewonnenen Gase nur unter einem sehr geringen Überdruck von ca. 50 mbar, d. h. bei einem Druck von 1,05 bar. Dieser Druck ist aber für viele industrielle Anwendungen nicht ausreichend, so daß man nach Verfahren Ausschau hielt, die erzeugten Gase gleich mit einem hohen Druck zu produzieren. So werden heute Druckelektrolyseure gebaut, die die produzierten Gase mit etwa 30 bar liefern. Ein solcher Druckwert ist für die meisten Anwendungen von Wasserstoff vollauf ausreichend.

Druckelektrolyseure bieten jedoch weitere Vorteile, beispielsweise höheren Wirkungsgrad, geringeren Platzbedarf, weitgehende Automatisierung des Betriebs, hohe Reinheit des erzeugten Wasserstoffs (99,9 Vol%) usw., so daß sie anderen Typen gegenüber im Vorteil sind.

5.4 Heißdampf-Elektrolyse

Um den Wirkungsgrad der Wasserelektrolyse erheblich zu erhöhen, wird seit einigen Jahren im Rahmen des HOT ELLY-Projekts (**Ho**chtemperatur-Dampf**el**ektro**ly**se) die sogenannte Hochtemperatur- bzw. Heißdampf-Elektrolyse erforscht.

Mit Unterstützung des Bundesministeriums für Forschung und Technologie versuchen die Firmen Lurgi GmbH und Dornier-System GmbH in Zusammenarbeit mit der Firma Robert Bosch GmbH einen Hochtemperatur-Elektrolyseur zu entwickeln und zur Fertigungsreife zu bringen. Bei diesem Verfahren wird anstelle einer flüssigen Elektrolytlösung ein keramischer Feststoffelektrolyt verwendet, wodurch ein einstufiger Prozeß eingeleitet wird, mit dessen Hilfe die Wasserspaltung erzielt wird.

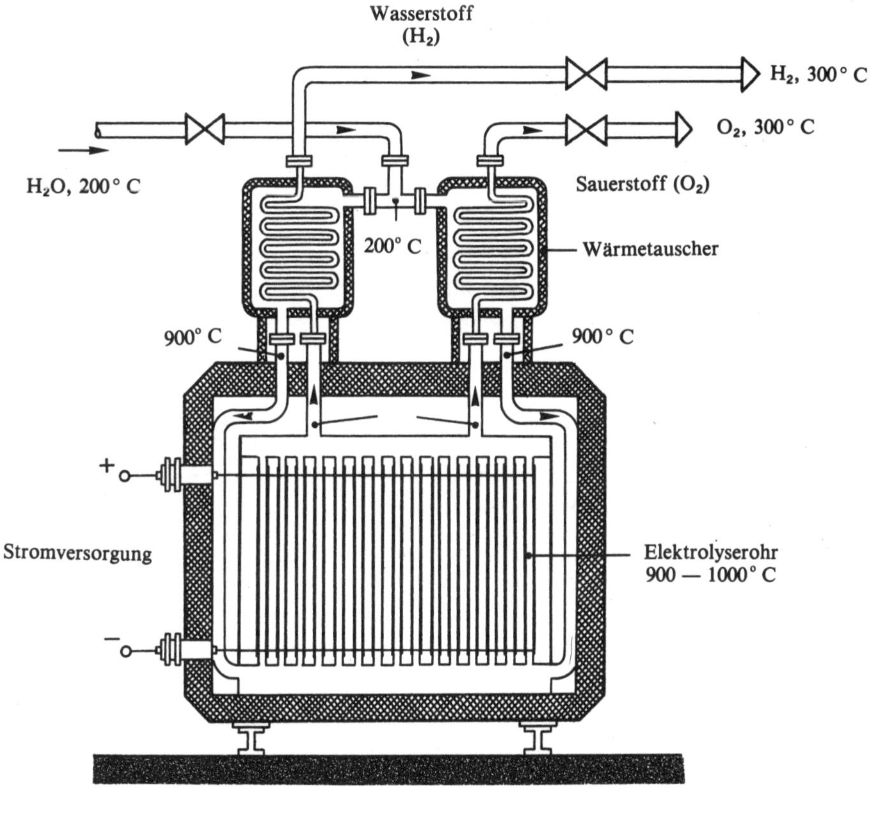

Bild 28: Funktionsprinzip der Heißdampf-Elektrolyse, wie sie derzeit bei der Firma Dornier-System GmbH erprobt wird.
(Zeichnung: Firma Dornier-System GmbH)

Dieses Verfahren erfordert jedoch im Vergleich zur konventionellen Wasserelektrolyse eine völlig neue Technologie, die sich vorwiegend auf hochtemperaturbeständige keramische Materialien (900 bis 1000° C) stützt. Die Stelle der Elektrolytflüssigkeit übernimmt hier eine Feststoffelektrolytmembran aus stabilisierter Zirkonoxid-Keramik. Bild 28 zeigt das Funktionsprinzip dieses Verfahrens, Bild 29 einen Schnitt durch die genannte Hochtemperatur-Elektrolytmembran. Dabei handelt es sich um eine gasdichte, sauerstoffionenleitende Elektrolytmembran, die beidseitig mit porösen Elektroden beschichtet ist. Legt man hier eine Gleichspannung an und führt der Kathodenseite Wasserdampf zu, so wird der Dampf an der Grenzfläche von Kathode und Elektrolyt ge-

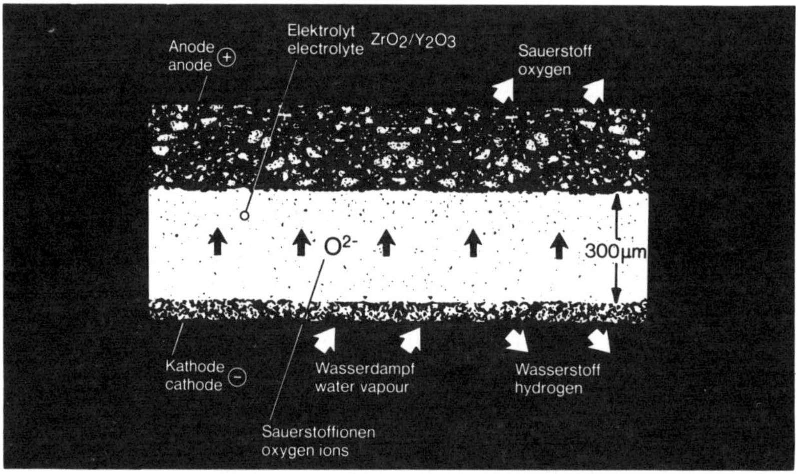

Bild 29: Schnitt durch eine Hochtemperatur-Elektrolytmembran. (Foto: Firma Dornier-System GmbH)

spalten. Der Wasserstoff reichert sich anschließend mit Dampf an, während der Sauerstoff in Form von Ionen zur Anode wandert, wo er entladen und freigesetzt wird. Wasserstoff und Sauerstoff bleiben also durch die gasdichte Zirkonoxid-Membran voneinander getrennt. Um eine hohe mechanische Festigkeit der Elektrolytmembran zu erzielen, wurden röhrenförmige Zellen mit einem Durchmesser von 14 mm und einer Höhe von 20 mm entwickelt. Mehrere solcher Zellen werden zu einem Elektrolyserohr zusammengefügt. Innerhalb eines solchen Rohres sind sämtliche Zellen sowohl elektrisch als auch verfahrenstechnisch in Serie geschaltet.

Eine größere Anzahl von Elektrolyserohren wird zu einem Register zusammengefaßt und über eine gemeinsame Leitung mit Frischdampf versorgt. Mehrere nebeneinandergesetzte Register bilden ein Modul, das das Grundelement für technische Heißdampf-Elektrolyseanlagen ist.

Bild 30: 2 kW-Labormodul eines Hochtemperatur-Elektrolyseurs.
(Foto: Firma Dornier-System GmbH)

Das genannte Verfahren wurde mit erfolgreichen Langzeitmessungen vielzelliger Aggregate und dem Betrieb einer kleinen Versuchsanlage (ca. 2 kW) bereits im Labor demonstriert (vgl. Bild 30). Dabei sind zwei Betriebsverfahren möglich: Das allotherme und das autotherme (vgl. Tabelle 10). Bei letzterem wird wie bei den alkalischen Elektrolyseverfahren der Gesamtenergiebedarf der Wasserspaltung elektrisch aufgebracht. Da hier Wärmeverluste an die Umgebung auftreten, muß eine geringfügig höhere Spannung eingestellt werden, als es dem Gesamt-

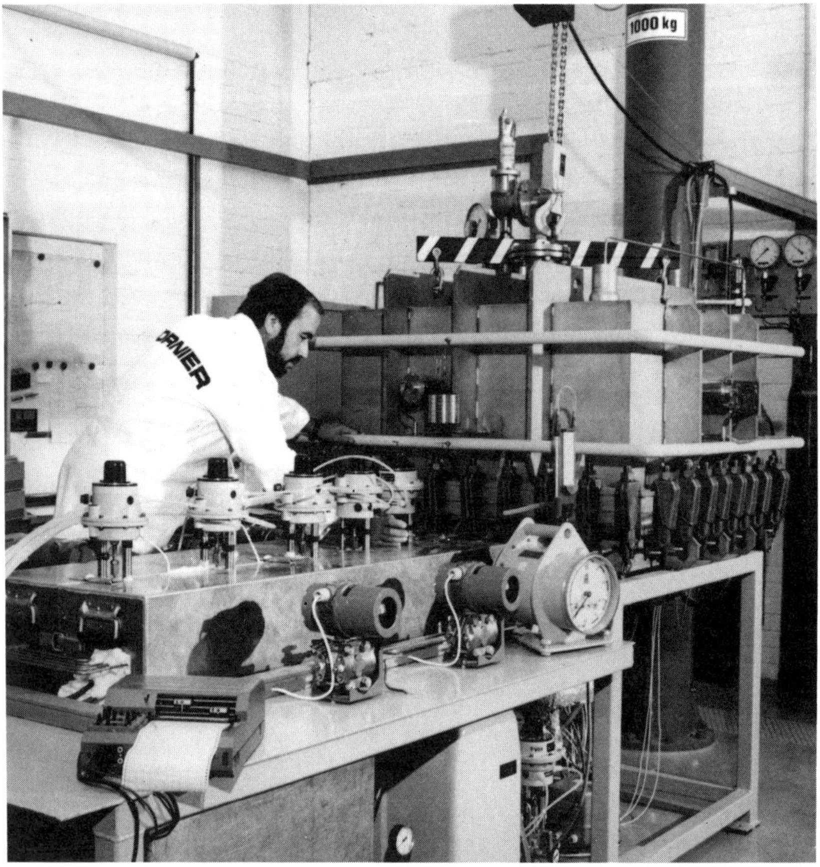

Bild 31: Hochtemperatur-Elektrolyse. Laboranlage im Rahmen des HOT ELLY-Projekts. (Foto: Firma Dornier-System GmbH)

energiebedarf der Wasserspaltung entspricht. Man kann diese *„Überspannung“* nun so einstellen, daß sich die Produktgase Wasserstoff und Sauerstoff gleichzeitig aufheizen. Damit läßt sich der benötigte Frischdampf durch Nutzung der Abwärme der Produktgase auf die für den Elektrolysebetrieb erforderliche Eintrittstemperatur vorwärmen. Insgesamt wird also hier mehr Energie zugeführt als die Zersetzungsreaktion des Wassers erfordert. Die Anlage arbeitet somit exotherm, d.h. unter Abgabe von Wärme. Tabelle 10 zeigt den Energiebedarf für beide Betriebsverfahren im Vergleich zur konventionellen bzw. zur fortgeschrittenen Wasserelektrolyse.

Den niedrigsten elektrischen Energieverbrauch und damit den höchsten Gesamtwirkungsgrad weist der allotherme Betrieb auf. Nachteilig ist jedoch, daß die Wärmeeinkopplung mit einer Abnahme der Stromdichte verbunden ist. Wünscht man die gleiche Leistung wie bei der autothermen Variante, so steigen die spezifischen Investitionskosten an. Hinzu kommt der relativ große Aufwand für die Einkopplung der Hochtemperaturwärme, die auf einem Temperaturniveau von mindestens 950° C zur Verfügung gestellt werden muß.

Tabelle 10: Kenndaten der Hochtemperatur-Elektrolyse im Vergleich zur gewöhnlichen Wasserelektrolyse.

	Hochtemperatur-Dampfelektrolyse HOT ELLY		Wasser-Elektrolyse	
	(allotherm)	(autotherm)	(konvent.)	(fortgeschr.)
Elektrische Energie (kWh/m³ H_2):				
Zellen	2,6	3,2	4,6	3,8
zusätzlich für Druckverlust	0,1	—	—	—
Thermische Energie (kWh/m³ H_2):				
Hochtemperatur-Wärme	0,5	—	—	—
Niedertemperatur-Wärme	0,6	0,6	—	—
Gesamtwirkungsgrad (%) (bei η = 38% für die Stromerzeugung)	36,6	33,3	24,8	30,1
Konversionsfaktor (unterer Heizwert/el. Energie)	1,11	0,94	0,65	0,79
Stromdichte (A/cm²)	0,2	0,4	0,2	0,35
Zellspannung (V)	1,1	1,3	1,8	1,5

Dem höheren Energieverbrauch des autothermen Zellenbetriebs stehen durch die erzielbare höhere Stromdichte und eine einfachere Prozeßgasführung erhebliche Vorteile bei den Investitionskosten gegenüber.

Faßt man die bisherigen Erkenntnisse zusammen, so kann man sagen, daß die Heißdampf-Elektrolyse heute noch in ihren Kinderschuhen steckt. Daher wird bei der Wasserelektrolyse vorerst das klassische Verfahren verwendet.

5.5 Photoelekrolyse

Bei der Photoelektrolyse handelt es sich um ein Verfahren, das in der Lage ist, das Wasser direkt mit Hilfe von Sonneneinstrahlung zu spalten. Voraussetzung dafür ist die Verwendung von Halbleiterelementen, die in einen wässrigen Elektrolyten getaucht werden müssen. Durch die Sonnenstrahlung, d. h. durch Photonen, wird erreicht, daß von den Halbleiterelementen zum Elektrolyten überwechselnde Elektronen che-

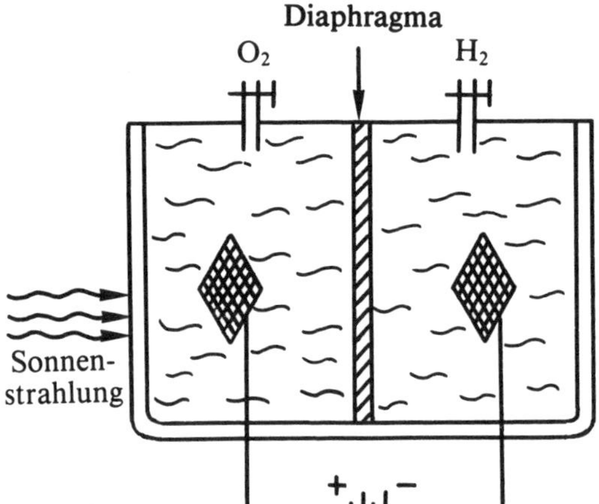

Bild 32: Prinzipaufbau einer Photoelektrolysezelle zur direkten Gewinnung von Wasserstoff aus Wasser mit Hilfe von Sonnenstrahlung.

mische Reaktionen hervorrufen, darunter solche, die die Wasserspaltung herbeiführen. Dabei wird auch hier, wie bei der alkalischen Elektrolyse, Wasserstoff in der Kathode (-) und Sauerstoff in der Anode (+) angesammelt (vgl. Bild 32). Werden also die beiden Halbleiterelektroden des Bildes 32 getrennt gehalten (z. B. durch ein Diaphragma), so können die Spaltprodukte Wasserstoff und Sauerstoff einzeln angesammelt werden. Auch dieses Verfahren, so einfach es klingt, befindet sich noch im Entwicklungsstadium. Unter dem Gesichtspunkt des Wirkungsgrades kann es jedoch zumindest theoretisch mit der konventionellen Elektrolyse konkurrieren, da es Wirkungsgradwerte bis zu ca. 24% verspricht. Bereits bei einem Wirkungsgrad von ca. 10% wäre es mit dem alkalischen Elektrolyseverfahren konkurrenzfähig, da bei einem Wirkungsgrad der Solarzellen von ca. 10% und einem Wirkungsgrad des Elektrolyseurs von ca. 90% ein Gesamtwirkungsgrad von nur 10 x 0,9 = 9% erreicht wird, der niedriger ist als die Photoelektrolyse theoretisch ermöglichen würde. Dies aber ist noch Zukunftsmusik, denn die heutige Photoelektrolyse erreicht Wirkungsgradwerte der Größenordnung von ca. 1%. Hinzu kommen technologische bzw. Materialprobleme, die einstweilen noch nicht in den Griff zu bekommen sind.

5.6 Photobiolyse

Eine weitere Variante zur Wasserstoffgewinnung ist der photobiologische Weg. Dabei wird die Fähigkeit mancher Bakterien und mancher Blau- und Grünalgen genutzt, mit Hilfe von Sonnenstrahlung Wasserstoff freizusetzen. Hier läuft gleichsam auf biologischem Wege etwas Ähnliches ab wie bei der Photosynthese, wo die Fixierung von Kohlenstoff aus Kohlendioxid (unter Freisetzung von Sauerstoff) geschieht.

Durch die Photobiolyse werden jedoch nur sehr kleine Wasserstoffmengen freigesetzt (10 - 30 mg/h), wodurch ein Wirkungsgrad von derzeit ca. 0,24% erzielt wird. Überdies besteht das Problem der Trennung der freigesetzten Gase Wasserstoff und Sauerstoff, obwohl bereits die

Möglichkeit erkennbar ist, unterschiedliche Organismenarten zu verwenden und räumlich so zu trennen, daß sich die abgeschiedenen Gase nicht vermischen. Inwieweit sich dieser Weg der Wasserstoffgewinnung bewähren wird, kann derzeit nicht mit Sicherheit vorhergesagt werden.

5.7 Brennstoffzellen

Die im Voranstehenden beschriebene Wasserelektrolyse ist im Prinzip umkehrbar, was wiederum bedeutet, daß durch die Vereinigung von Wasserstoff und Sauerstoff elektrische Energie gewonnen werden kann. Die dafür benötigte Apparatur nennt man *„Brennstoffzelle"*. Das Funktions-prinzip einer solchen Zelle ist im Grunde seit der Mitte des 19. Jahrhunderts bekannt. Sie wurde im Jahre 1839 von Sir William Grove entdeckt, fand jedoch in der Folgezeit keine Beachtung, weil seinerzeit kein Bedarf für derartige Apparaturen bestand. Erst nach dem Zweiten Weltkrieg griff man auf die genannte Entdeckung zurück, und bereits Ende der 50er Jahre fuhr in den USA ein mit Brennstoffzellen betriebener Traktor.

Den entscheidenden Anstoß einer raschen Entwicklung gab erst die Raumfahrttechnik der 60er Jahre. So lieferten beispielsweise Brennstoffzellen den elektrischen Strom an Bord des Apollo-Raumschiffs, das die Mondlandung ermöglichte.

Unter dem Gesichtspunkt der Konstruktion wie des Betriebs ist eine Brennstoffzelle wesentlich komplizierter als ein Elektrolyseur. Zellen dieser Art produzieren beispielsweise als Abfallprodukt Wasser. Wirft, wie wir gesehen haben, die Gewinnung von Wasserstoff und Sauerstoff durch einen alkalischen Elektrolyseur keine technischen Probleme auf, so muß bei einer Brennstoffzelle das nebenbei erzeugte Wasser, das sich im Elektrolyten ansammelt und schnell zu seiner Verdünnung führen würde, durch geregelte Verdampfung ausgeschieden werden. Auch die erzeugte Wärme muß abgeführt werden, damit die betreffende Brennstoffzelle nicht erhitzt wird. Solche und ähnliche Probleme führen dazu, daß Brennstoffzellen ein Mehrfaches entsprechender Elektrolyseure kosten.

Der wichtigste Unterschied zwischen einem Elektrolyseur und einer Brennstoffzelle liegt bei den Elektroden. Bei einem Elektrolyseur werden durch die Elektroden die Spaltprodukte Sauerstoff und Wasserstoff (der erste anodisch, der zweite kathodisch) ausgeschieden. Bei einer Brennstoffzelle dagegen müssen diese Gase durch die Elektroden verbraucht werden.

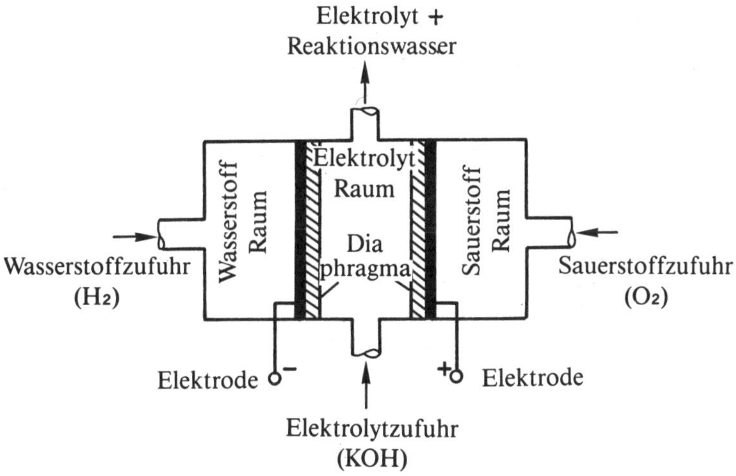

Bild 33: Prinzipaufbau einer Brennstoffzelle mit alkalischem Elektrolyt.

Den Prinzipaufbau einer Brennstoffzelle veranschaulicht Bild 33. Dabei handelt es sich um eine gewöhnliche Brennstoffzelle mit alkalischem Elektrolyt (KOH). Die Hauptkomponenten einer derartigen Zelle sind zwei Elektroden, durch die der erzeugte Strom entnommen wird, indem die Zelle mit Wasserstoff und Sauerstoff versorgt wird. Abnutzungserscheinungen sind dabei kaum vorhanden. Durch Austausch des Katalysators kann anstelle von Wasserstoff auch andere Brennstoffe verwendet werden, z. B. Methylalkohol, Methan oder Hydrazin. Wasserstoff-Brennstoffzellen weisen jedoch einen größeren Wirkungsgrad auf.

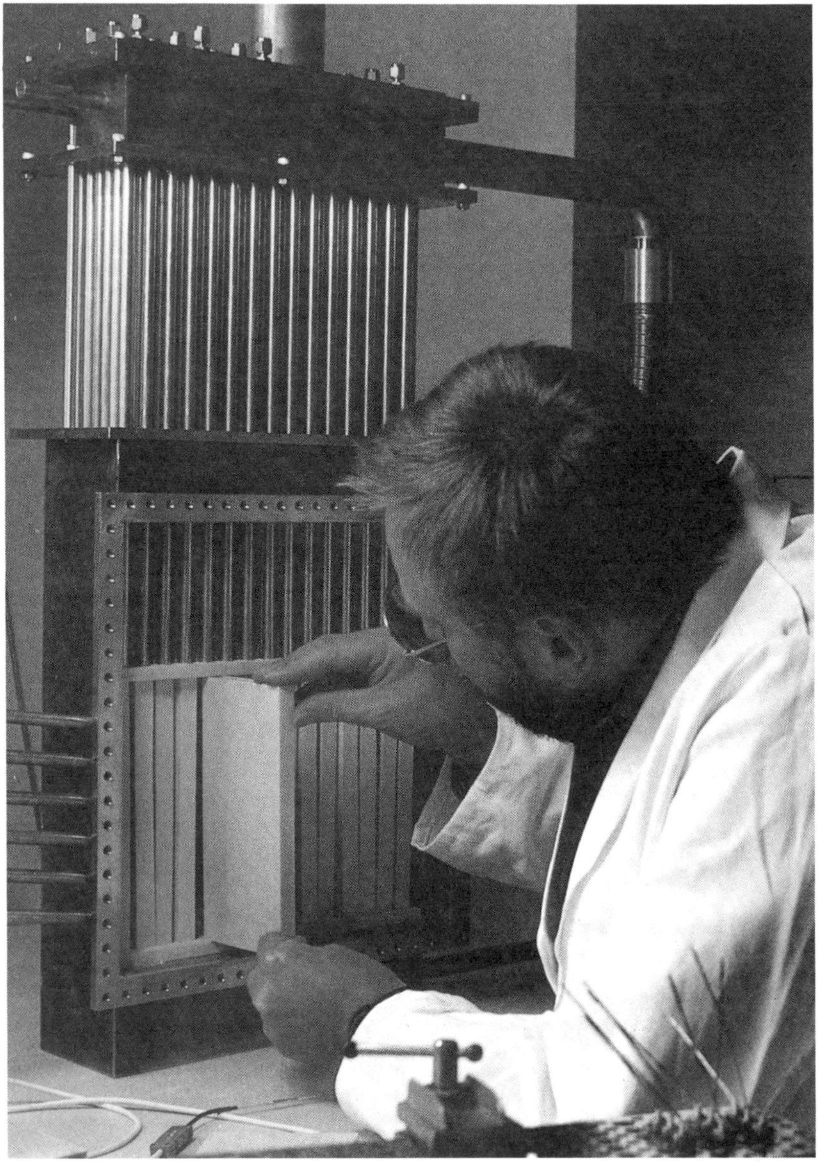

Bild 34: Keramische Brennstoffzelle während der Erprobung. Brennstoffzellen dieser Art weisen einen hohen Wirkungsgrad und geringe Schadstoffemissionen auf. Deswegen werden sie zur Zeit intensiv erforscht.
(Foto: Firma ABB)

Eine einzelne mit Wasserstoff betriebene Brennstoffzelle erzeugt bei einer Spannung von ca. 0,7 V je cm^2 Elektrodenoberfläche 50 bis 150 mA Gleichstrom. Werden mehrere solcher Zellen parallel und in Serie zusammengeschaltet, so können wie im Falle von Batterien größere Einheiten erstellt werden, die höhere Spannungen (bis 1000 V) und Leistungen (mehr als 100 kW) liefern.

Alkalische Brennstoffzellen arbeiten bei Temperaturen zwischen 70 und 90° C und werden daher als Niedertemperatur-Brennstoffzellen bezeichnet. Saure Brennstoffzellen, die saure Elektrolyten in Form von Phosphorsäure verwenden, weisen dagegen Temperaturen von 180 bis 200° C auf.

In den USA sind Großanlagen mit elektrischen Leistungen von 1 bis 5 MWe erfolgreich erprobt worden und stehen bereits heute als ausgereifte Produkte zur Verfügung. Im Rahmen von Großversuchen konnten bereits Privathäuser, Kliniken, Lagerhäuser usw. mit Hilfe dieser Technik mit elektrischer Energie versorgt werden. Da beim Betrieb von Brennstoffzellen auch Wärmeenergie freigesetzt wird, können diese Zellen auch für Heizungszwecke genutzt werden.

Brennstoffzellen können (bei geringerem Wirkungsgrad) prinzipiell auch mit gewöhnlicher Luft statt mit Sauerstoff betrieben werden. Der derzeitige Stand der Technik läßt jedoch einen solchen Betrieb nicht als wirtschaftlich erscheinen.

Große Hoffnungen setzt man derzeit auf die sogenannten keramischen Brennstoffzellen, die sich bereits in der praktischen Erprobung befinden (vgl. Bild 34). Brennstoffzellen dieser Art weisen nämlich einen hohen Wirkungsgrad sowie geringe Schadstoffemissionen auf.

Im Rahmen einer künftigen Solarwasserstoff-Wirtschaft ist jedoch die sogenannte Hochtemperatur-Brennstoffzelle von Interesse, die bei mehr als 600° C arbeitet und als Elektrolyt geschmolzene Erdalkalikarbonate (z. B. Natrium-, Kalium- oder Lithiumkarbonat) verwendet von besonderem Interesse. Bei Zellen dieser Art erwartet man einen Wirkungsgrad, der deutlich oberhalb der 90%-Grenze liegt. Interessanter noch ist eine spezielle Version dieser Zelle, die bei 900° C, d.h. im Temperaturbereich der Heißdampf-Elektrolyse arbeitet. Zellen dieser Sorte können nämlich eine doppelte Funktion übernehmen, indem sie je nach Bedarf Wasserstoff durch Verbrauch von Strom oder Strom durch Verbrauch von Wasserstoff produzieren.

6 Photovoltaik und Solarzellen

6.1 Allgemeine Betrachtungen

Im Rahmen einer künftigen Solarwasserstoff-Wirtschaft wird der Solarstrom wie erwähnt eine wichtige Rolle spielen. Dieser Strom kann zwar durch solarthermische Kraftwerke gewonnen werden, doch wird der Hauptanteil auf die photovoltaischen Kraftwerke entfallen, d.h. auf Kraftwerke, die sich auf den photoelektrischen Effekt stützen. Dieser Effekt ist bereits seit dem Jahre 1839 bekannt. Er wurde von dem französischen Physiker A. E. Becquerel, dem Vater Henry Becquerels, des Entdeckers der Radioaktivität, entdeckt. Eine Erklärung dieses Phänomens vermochten jedoch weder Becquerel selbst noch seine Nachfolger zu geben, bis es Albert Einstein gelang, das Geheimnis zu lüften, wofür er im Jahre 1922 (rückwirkend für 1921) den Nobelpreis für Physik erhielt. Dabei unterscheidet man heute zwischen dem äußeren, dem inneren und dem sperrschichtphotoelektrischen Effekt.

Die Nutzung des photoelektrischen Effekts zur Gewinnung von Solarstrom wird mit Hilfe von Solarzellen, d.h. mit Hilfe von Halbleiterbauelementen realisiert, vorwiegend durch solche, die aus dem Halbleitermaterial Silizium hergestellt sind.

Halbleiter stellen Werkstoffe dar, die elektrisch weder reine Leiter noch reine Isolatoren sind. Es handelt sich mithin um Werkstoffe, die den elektrischen Strom mit einem gewissen Widerstand passieren lassen. Die erste Stelle unter den Halbleitern nimmt das Silizium ein, das als Basismaterial zur Herstellung nicht allein von Solarzellen, sondern der meisten Halbleiterbauelemente der modernen Elektronik dient.

Silizium kommt fast ausschließlich in gebundener Form, z.B. als Quarz oder Quarzsand vor. Metallurgisches Silizium (MG-Si) mit einer Reinheit von ca. 98% wird durch Reduktion von Siliziumdioxid (SiO_2) mit Kohlenstoff in Lichtbogenöfen produziert. Solches Silizium findet breite Verwendung in der Metallindustrie. In der Rangliste der Weltpro-

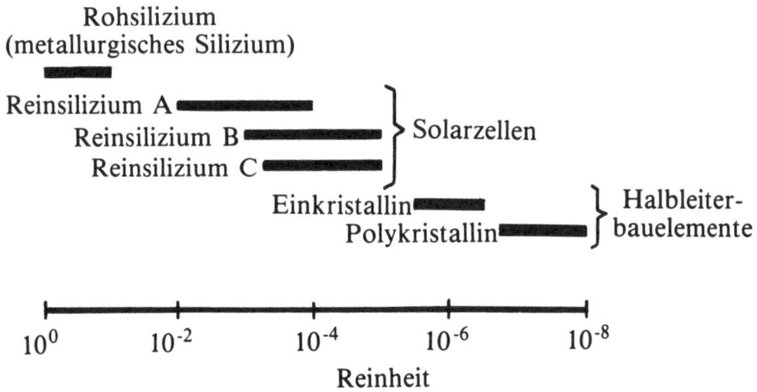

Bild 35: Silizium, seine Reinheitsstufen und seine Anwendungen.

duktion nimmt Silizium mit etwa 600 000 t jährlich die vierte Stelle nach Eisen, Aluminium und Zinn ein. Halbleiterbauelemente beanspruchen aber nur etwa 1% der genannten Produktion. Das dabei benutzte Silizium stellt hochreines Material mit einem Reinheitsgrad von etwa 10^{-8} dar, d.h., daß man unter 100 Millionen Si-Atomen nicht mehr als einem Fremdatom begegnet. Solarzellen-Silizium erfordert allerdings keinen derartig hohen Reinheitsgrad, wie es Bild 35 veranschaulicht. Danach liegt der Reinheitsgrad des in der Solarzellentechnik verwendeten Siliziums zwischen etwa 10^{-2} und 10^{-5}.

Reines Silizium stellt einen sehr guten Isolator dar, da es nur über eine geringe Anzahl von Fremdatomen und freien Elektronen verfügt. Dies gilt allerdings nur bei sehr niedrigen Temperaturen in der Nähe des absoluten Nullpunktes. Steigt die Temperatur an, so bewirkt die zugeführte Wärmeenergie, daß die Atome des betreffenden Kristalls zu schwingen beginnen. Das führt wiederum dazu, daß etliche der Valenzbindungen zwischen den Atomen aufbrechen. Dabei werden Elektronen als Ladungsträger frei, wodurch der spezifische Widerstand des betreffenden Kristalls sinkt. Wo durch Aufbrechen einer Valenzbindung ein Elektron freigeworden ist, entsteht ein Loch, das auch als Defektelektron bezeichnet wird. In dieses Loch kann nun eines der freigewordenen Elektronen schlüpfen. Dadurch wird an der betreffenden Stelle die *„elektrische Ordnung“* wiederhergestellt, während an anderer Stelle ein neues Loch entsteht. Löcher stellen also positive Ladungen dar, die sich wie freie Elektronen durch das Kristallgitter des betreffenden Materials bewegen können. Somit erfährt das reine Silizium durch Wärmezufuhr eine gewisse elektrische Leitfähigkeit, die man als die *„Eigenleitung"* des Halbleiters bezeichnet. Eine Erhöhung der Temperatur des Materials, d.h. die Zufuhr größerer Wärmeenergie, erhöht seine Eigenleitung, weil eine größere Anzahl von Valenzbindungen aufbricht. Dadurch entsteht naturgemäß eine größere Anzahl von Ladungsträgern.

Freie Elektronen und Defektelektronen bewegen sich unabhängig voneinander durch das Kristallgitter des betreffenden Materials, bis zufällig ein Elektron auf ein Loch trifft und von diesem gleichsam eingefangen wird.

Die Eigenleitung von Halbleitern kann jedoch auch durch Strahlung beeinflußt werden, wodurch der vorher genannte innere photoelektrische Effekt in Erscheinung tritt. Dabei werden im Gegensatz zum äußeren photoelektrischen Effekt durch die Photonenenergie der eindrin-

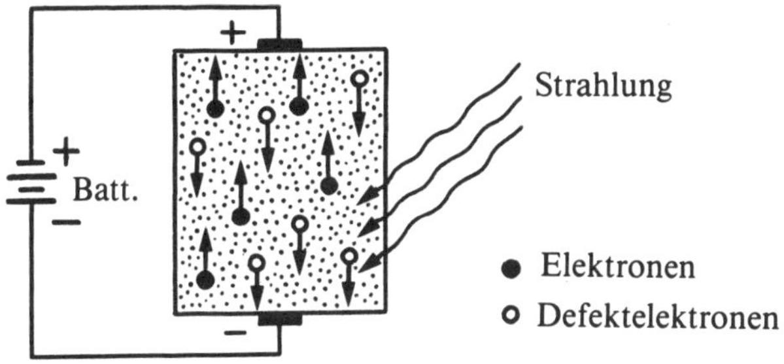

Bild 36: Aufgrund des inneren photoelektrischen Effekts werden durch Strahlung elektrische Ladungsträger frei, wodurch die Leitfähigkeit des betreffenden Werkstoffes vergrößert wird.

genden Strahlung freie elektrische Ladungsträger gebildet, die die Leitfähigkeit des betreffenden Halbleiters erhöhen.

Wird nun ein solcher Werkstoff an eine Batterie angeschlossen (vgl. Bild 36), so findet ein Ladungsträgertransport statt, wodurch wiederum

Strom durch den Kreis fließt. Die Strahlung unterstützt mithin den Stromfluß, der eigentlich durch die Batterie verursacht wird. Eine Energieumwandlung findet in diesem Falle nicht statt.

Mit der Anordnung des Bildes 36 kann also keine Solarzelle entstehen. Dieses Ziel wird erst erreicht, wenn man - ebenso wie bei den Halbleiterbauelementen - einen sogenannten pn-Übergang schafft, d.h. ein p-dotiertes Halbleitermaterial mit überschüssigen Defektelektronen bzw. Löchern mit einem n-dotierten Halbleitermaterial mit überschüssigen Elektronen in Verbindung bringt, wie es Bild 37 im Prinzip zeigt.

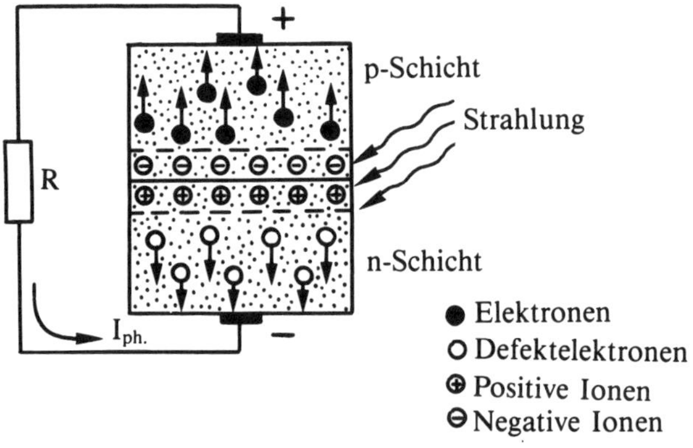

Bild 37: Durch Lichteinwirkung im Sperrschichtbereich eines pn-Übergangs entsteht aufgrund des sperrschichtphotoelektrischen Effekts eine Photospannung, die, sobald der Kreis geschlossen wird, einen Photostrom hervorruft. Aus Licht entsteht auf diese Weise elektrische Energie.

Im Grenzbereich der p-Schicht befinden sich jetzt negative, in der n-Schicht dagegen positive Ionen. Beide Arten von Ionen sind zwar nicht leicht beweglich, sie verhindern jedoch, daß Elektonen aus der n-Schicht in die p-Schicht überwechseln und umgekehrt. Es stellt sich mit anderen Worten ein Gleichgewichtszustand ein. Die Grenzschicht wird somit zu einer Sperrschicht, da sie mangels leichtbeweglicher Ladungsträger nicht mehr elektrisch leitfähig ist. Gleichzeitig entsteht eine Potentialschwelle (vgl. Bild 38), die eine weitere Diffusion verhindert.

Überdies spielen sich zwischen n- bzw. p-Schicht und ihrer Kontaktierung (Verbindung der betreffenden Schicht mit der entsprechenden Elektrode) die gleichen Vorgänge ab. Zwischen den Anschlüssen des betreffenden Halbleiterbauelements entsteht deswegen keine Spannung, da sich die einzelnen Spannungen der genannten drei Potentialschwellen gegenseitig aufheben (vgl. Bild 38 unten). Ein pn-Übergang erscheint also nach außen stets elektrisch neutral.

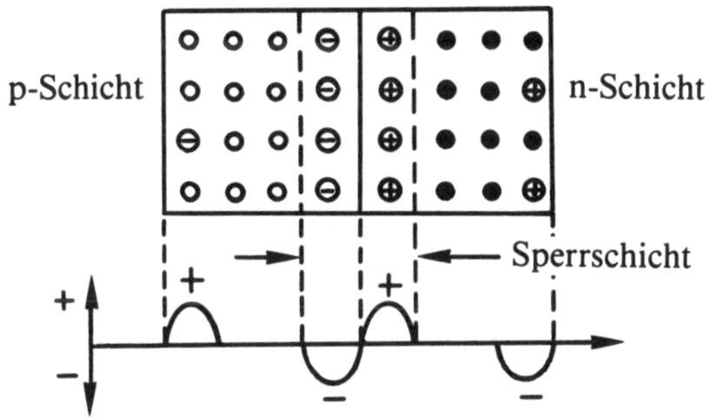

Bild 38: Sperrschicht eines pn-Übergangs und die Entstehung von Potentialschwellen.

Die Situation ändert sich jedoch grundlegend, sobald ein solcher pn-Übergang von außen bestrahlt wird. Dabei tritt der bereits erwähnte sperrschichtphotoelektrische Effekt ein, der eine Spannung, die sogenannte Photospannung $U_{ph.}$ hervorruft, durch die, das betreffende Halbleiterbauelement die Gestalt einer Photozelle bzw. einer Solarzelle annimmt. Dabei wird die Sperrschicht so angeordnet, daß die Strahlung weitgehend ohne Verluste eindringen kann. Dadurch entstehen in der Sperrschicht unter der Einwirkung von Photonen freie Ladungsträgerpaare, d.h. Paare aus Elektronen und Defektelektronen. Durch die Einwirkung der Strahlung entsteht demnach die zuvor genannte Photospannung, die einen entsprechenden Photostrom $I_{ph.}$ verursacht, wodurch elektrische Energie aus Licht bzw. Sonnenstrahlung gewonnen wird.

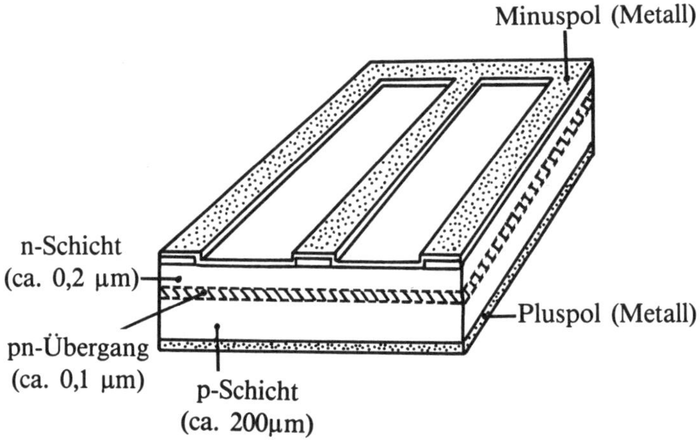

Bild 39: Praktischer Aufbau einer Solarzelle.

Den praktischen Aufbau einer Solarzelle zeigt Bild 39. Zwischen einer p-Schicht mit einer Dicke von ca. 200 µm und einer n-Schicht mit einer Dicke von nur ca. 0,2 µm bildet sich der entscheidende pn-Übergang, der eine Dicke von ca. 0,1 µm aufweist. Der Pluspol einer solchen Solarzelle besteht aus einer Metallschicht auf ihrer Rückseite. Der Minuspol (Vorderseite) besteht ebenfalls aus einer Metallschicht, die jedoch fingerförmig ausgelegt ist, damit das Licht weitgehend ungehindert in das Innere der Solarzelle eindringen kann. Die vordere Oberfläche ist mit einer Titanoxidschicht überzogen, um die Reflexion des eintreffenden Lichtes zu minimieren. Diese Schicht ist nebenbei gesagt für die Blaufarbe von Solarzellen verantwortlich. Solarzellen dieser Art stellen einkristalline Solarzellen dar, d. h. Solarzellen, die aus einkristallinem Silizium hergestellt sind. Neben diesen Solarzellen gibt es heute polykristalline Solarzellen, die aus polykristallinem Silizium sowie a-Si-Solarzellen, die aus amorphem Silizium hergestellt sind.

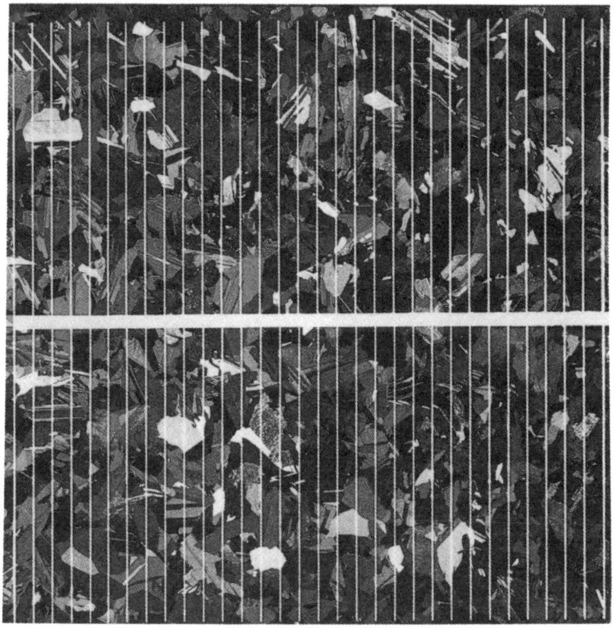

Bild 40: Beispiel einer polykristallinen Solarzelle (10 cm x 10 cm).

Polykristllines Silizium enthält eine Vielzahl kleiner Einkristalle (sog. Körner), während amorphes Silizium überhaupt keine regelmäßige Kristallstruktur zeigt. Solarzellen aus einkristallinem, polykristallinem oder amorphem Silizium gehören zu den sogenannten klassischen Solarzellen. Alle anderen Typen bezeichnet man als moderne Solarzellen. Während einkristalline Solarzellen stets einen ausgeprägten pn-Übergang und eine Scheibendicke von etwa 300 µm aufweisen, werden polykristalline Solarzellen sowohl als Dickschicht wie als Dünnschichtausführungen hergestellt. Zu den Dünnschichtausführungen gehören überdies auch Solarzellen aus amorphem Silizium. Solarzellen in Dünnschichtausführungen, die sowohl bezüglich des Materials als auch in energetischer Hinsicht preisgünstig hergestellt werden können, weisen eine Schichtdicke von weniger als 1 µm auf.

Große Hoffnungen werden heute unter anderem auf die amorphen Solarzellen gesetzt, die gegenüber ein- und polykristallinen Solarzellen eine Reihe von Vorteilen bieten. Die wichtigsten davon sind die folgenden:

- hohe Lichtabsorption;
- hohe Leerlaufspannung;
- geringer Materialaufwand bei der Herstellung;
- geringer Energieaufwand bei der Herstellung;
- große Automatisierungsmöglichkeiten bei der Herstellung.

Diesen Vorteilen steht allerdings der gravierende Nachteil eines relativ kleinen Wirkungsgrades gegenüber. So rechnet man heute mit den folgenden Wirkungsgradwerten:

- Einkristalline Solarzellen: 11-15 %
- Polykristalline Solarzellen: 9-13 %
- Amorphe Solarzellen: 6-8%
- Moderne Solarzellen (z.B. solche aus einkristallinem Galliumarsenid): 13-17 %

Während die klassischen Solarzellen seit langem serienmäßig und in großen Mengen hergestellt werden, befinden sich die modernen Solarzellen teils auf dem Weg zur industriellen Fertigung, teils gar erst im Entwicklungsstadium.

6.2 Solarzellen und ihre Kenndaten

Solarzellen stellen eigentlich Halbleiterdioden besonderer Art dar und weisen daher wie die übrigen Dioden Ventileigenschaften auf. Hinzu kommt, daß Solarzellen Energiequellen repräsentieren, die, sobald sie durch Lichtstrahlung angeregt werden, elektrische Energie liefern. Insofern kann eine Solarzelle so dargestellt werden, wie es Bild 41 zeigt. Darin symbolisiert die Batterie, daß die Solarzelle über eine Stromquelle verfügt. Die Diode D zeigt an, daß sie wie jede Diode Ventileigenschaften aufweist. Der Kondensator C_p repräsentiert ihre Streukapazität sowie die parasitäre Kapazität ihrer Anschlüsse. Die Widerstände R_s in Serie und R_p parallel zur Diode symbolisieren die ohmschen Verluste, die sowohl in der Solarzelle selbst als auch an ihren Anschlüssen anfallen.

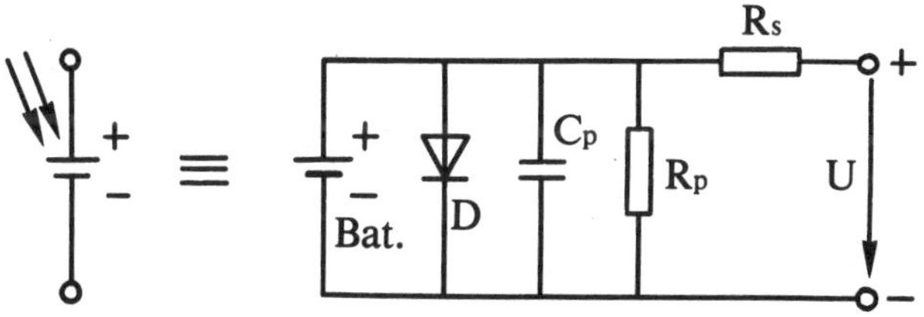

Bild 41: Schaltzeichen (links) und Ersatzschaltbild einer Solarzelle.

Strom/Spannungs-Kennlinien von Solarzellen

Die Herstellerangaben von Solarzellen beziehen sich stets auf eine Strahlungsintensität von 100 mW/cm^2, d.h. auf 1 kW/m^2. Sinkt die Stahlungsintensität, so sinkt auch der erzeugte Strom und geringfügig auch die Leerlaufspannung, wie es die Strom/Spannungs-Kennlinien des Bildes 42 zeigen. Aus diesen Kennlinien wird ersichtlich, daß der maximale Kurzschlußstrom bei etwa 24 mA/cm^2 liegt. Eine Solarzelle von 10 cm x 10 cm = 100 cm^2 liefert also einen Kurzschlußstrom von 2,4 A. Die Kennlinien zeigen überdies, daß sich die entstehende Spannung bereits bei einer Stahlungsintensität von nur ca. 10 mW/cm^2, d.h. 100 W/m^2 oder 10% der Vollintensität zu fast 100% entfaltet. Die Leerlaufspannung U_L und der Kurzschlußstrom I_K einer Solarzelle stehen der Betriebsspannung U_B und dem Betriebsstrom I_B gegenüber. Die letztgenannten Größen weisen naturgemäß kleinere Werte auf als der U_L- und der I_K-Wert. Während aber Kurzschluß- und Betriebsstrom oft nicht sehr weit auseinanderliegen, ist der Unterschied zwischen Leerlauf- und Betriebsspannung relativ groß.

Bei der Standard-Strahlungsintensität von 1 kW/m^2 ergebeb die folgenden Richtwerte:

a) **Einkristalline Solarzellen:**
$U_B \approx 0{,}5$ V
$I_B \approx 24$ mA/cm^2

b) **Polykristalline Solarzellen:**
$U_B \approx 0{,}5$ V
$I_B \approx 20$ mA/cm^2

c) **a-Si-Solarzellen:**
$U_B \approx 0{,}5$ V
$I_B \approx 12$ mA/cm^2

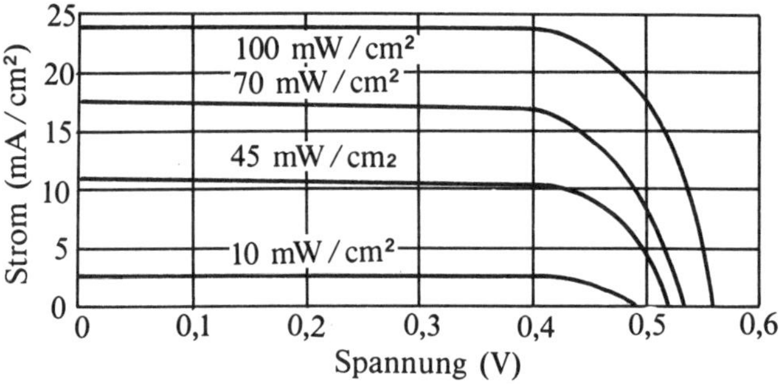

Bild 42: Strom/Spannungs-Kennlinien einer Solarzelle.

Betrachtet man eine Si-Solarzelle als Quelle elektrischer Energie, so ist es wichtig zu wissen, wann diese Quelle optimal arbeitet, d.h. wann sie das Maximum an Energie an den angeschlossenen Verbraucher liefert. Da die Leistung P das Produkt von Spannung und Strom ist ($P = U \cdot I$), muß die Strom/Spannungs-Kennlinie der betreffenden Solarzelle einen Punkt aufweisen, an dem dieses Produkt seinen maximalen Wert zeigt. Diesen Punkt bezeichnet man als MPP (**M**aximum **P**ower **P**oint). Er liegt stets am Knie der jeweiligen Strom/Spannungs-Kennlinie, denn nur dort weist die Fläche O-B-MPP-C (vgl. Bild 43), welche die Leistung P = U · I repräsentiert, ihren maximalen Wert auf. Will man also die größtmögliche Leistung erzielen, so muß man dafür Sorge tragen, daß die betreffende Solarzelle stets an diesem Punkt (Arbeitspunkt) betrieben wird.

Die elektrischen Daten von Solarzellen sind im übrigen temperaturabhängig. Steigt die Temperatur einer Solarzelle an, so steigt auch ihr Kurzschlußstrom I_K, und zwar um etwa 0,07 % / ° C. Eine Temperatursteigerung von beispielsweise 20 ° C führt zu einer Stromsteigerung von 0,07 x 20 = 1,4 %. Ein ursprünglicher Strom von z.B. 2,2 A steigt demnach auf 2,2 + 0,03 = 2,23 A. Im Gegensatz zum Kurzschlußstrom sinkt die Leerlaufspannung U_L, und zwar um etwa 2 mV/° C. Eine

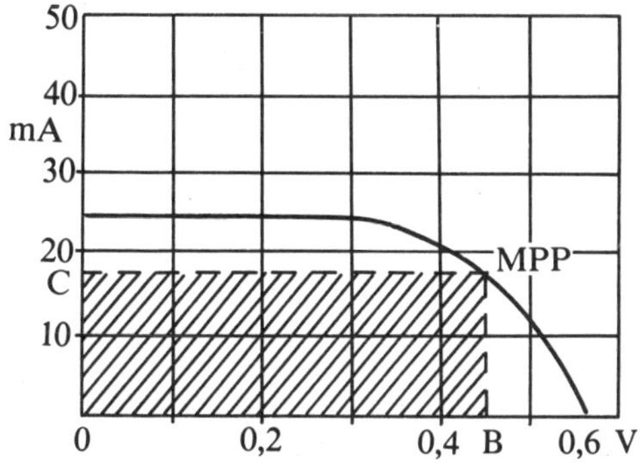

Bild 43: Zur Erläuterung des Begriffs „MPP“ (Genaueres im Text).

Temperatursteigerung von 20 ° C bewirkt also ein Absinken der Leerlaufspannung um 2 mV x 20 = 40 mV. Eine ursprüngliche Leerlaufspannung von beispielsweise 0,52 V sinkt demnach auf 0,52 - 0,04 V = 0,48 V ab. Der Umstand, daß die negative Beeinflussung der Spannung durch die Temperatur größer ist als die positive Beeinflussung des Stromes, hat zur Folge, daß die gewonnene elektrische Energie mit steigender Temperatur sinkt, und zwar um etwa 0,44 %/° C. Bei einer Temperatursteigerung um 20 ° C ergibt dies einen Energierückgang von 8,8 %.

Solarzellen können wie Batterien in Serie, parallel oder in gemischter Schaltung zusammengeschaltet werden. Dabei sind verschiedene Gesichtspunkte zu berücksichtigen, wenn das gewünschte Ziel optimal erreicht werden soll. Zunächst sind die Strom/Spannungs-Kennlinien der betreffenden Solarzellen von Bedeutung. Werden beispielsweise mehrere Solarzellen zusammengeschaltet, so müssen ihre Kennlinien weitgehend identisch sein, weil anderenfalls Leistungsverluste eintreten, die den Wirkungsgrad der Gesamtschaltung negativ beeinflussen. Überdies muß dafür Sorge getragen werden, daß defekte Solarzellen den Betrieb der Gesamtanlage so wenig wie möglich beeinträchtigen. Gesamtspannung, Gesamtstrom und Gesamtleistung von zusammengeschalteten Solarzellen verhalten sich wie im Falle entsprechend geschalteter Batterien.

6.3 Solarzellen und ihr Wirkungsgrad

Die Fähigkeit einer Solarzelle, Sonnenstrahlung in elektrische Energie umzuwandeln, hängt prinzipiell von dem Energie-Bandabstand ΔE zwischen Valenz- und Leiterbahn des verwendeten Halbleitermaterials ab. Dieser Wert ist von Material zu Material verschieden. Liegt er zufällig im Bereich des sichtbaren Lichts, so wird der größte Teil der Sonnenstrahlung zur Gewinnung elektrischer Energie genutzt. Ist ΔE dagegen kleiner als die Photonenenergie des sichtbaren Lichts, so wird nur ein Teil dieser Energie zur Gewinnung elektrischer Energie genutzt. Der Rest der Photonenenergie geht praktisch verloren. Ist ΔE dagegen größer als die Photonenenergie der Sonnenstrahlung, so findet kaum eine Energieumwandlung statt. Zwischen diesen Extremfällen gibt es naturgemäß ein Optimum, bei dem der maximale Wirkungsgrad erzielt werden kann. Dieser Wert liegt theoretisch bei etwa 31%. Ein Halbleitermaterial, das diesem Optimum nahekommt, ist das Galliumarsenid (GaAs). Das bedeutet aber nicht, daß Galliumarsenid-Solarzellen auch in der Praxis einen derart hohen Wirkungsgrad erreichen können. Immerhin sind jedoch bisher Werte einer Größenordnung von mehr als 20% erzielt worden.

Klassische Solarzellen können derzeit theoretisch einen Wirkungsgrad von 20% erreichen. Andere Halbleitermaterialien erzielen kleinere Wirkungsgrade, wie Bild 44 veranschaulicht. Darin ist der Energie-

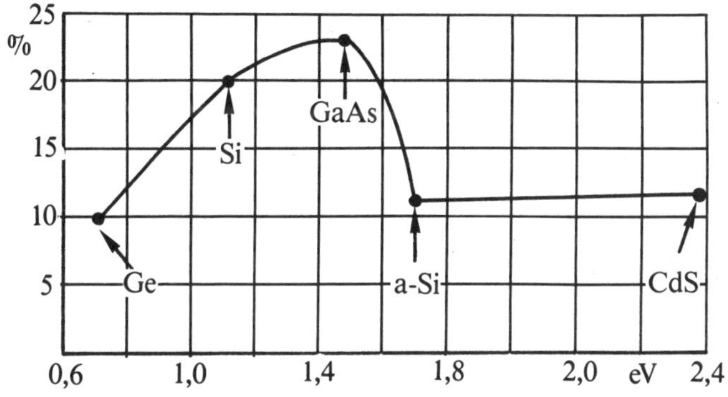

Bild 44: Wirkungsgrad von Solarzellen in Abhängigkeit vom Energie-Bandabstand ΔE des verwendeten Halbleitermaterials.

Bandabstand ΔE in eV angegeben. Man sieht, daß Galliumarsenid einen ΔE-Wert von etwa 1,5 eV aufweist. Dieser Wert entspricht der Photonenenergie, die die Sonnenstrahlung im optischen Bereich aufweist (ca. 700 nm = 0,7 µm), denn diese Wellenlänge entspricht einer Frequenz von

$$\nu = c/\lambda = 3 \cdot 10^{8}/0{,}7 \cdot 10^{-6} = 4{,}28 \cdot 10^{14} \text{ Hz}$$

Die entsprechende Photonenenergie beträgt somit:

$$E = h \cdot \nu = 6{,}625 \cdot 10^{-34} \text{ x } 4{,}28 \cdot 10^{14} = 2{,}835 \cdot 10^{-19} \text{ Joule}$$

Da 1 Joule = $6{,}25 \cdot 10^{18}$ eV ist, entspricht diese Energie $2{,}835 \cdot 10^{-19}$ x $6{,}25 \cdot 10^{18}$ = 1,77 eV und somit einem Wert, der sehr nahe an dem genannten Wert von 1,5 eV liegt.

Halbleiter mit ΔE-Werten, die über oder unter dem genannten Wert von Galliumarsenid liegen, erreichen naturgemäß kleinere Wirkungsgradwerte, weil das Spektrum der Sonnenstrahlung in diesen Bereichen entsprechend schwächer ist. Hätten wir es mit der Strahlung einer anderen Sonne mit einer anderen Spektrumsverteilung zu tun, so hätten die oben beschriebenen Verhältnisse ganz anders ausgesehen.

Die vorstehenden Überlegungen bezogen sich auf Solarzellen, die aus einem einzigen Halbleitermaterial bestehen. Bei solchen Solarzellen geht, wie wir gesehen haben, stets ein Teil der Sonnenstrahlung verloren. Es sind jedoch Solarzellen denkbar, die aus mehreren Halbleitermaterialien mit unterschiedlichen ΔE-Werten gebaut sind, wodurch die Sonnenstrahlung weitaus besser ausgenutzt werden kann. Liegt an der Oberfläche einer solchen Solarzelle ein Halbleitermaterial mit einem hohen ΔE-Wert, so wandelt es nur einen Bruchteil der Sonnenstrahlung in elektrische Energie um. Ein darunterliegendes zweites Halbleitermaterial mit niedrigerem ΔE-Wert wandelt einen weiteren Teil der Sonnenenergie in Strom um usw. In einer solchen kaskadenartigen Solarzelle kann die Sonnenstrahlung demnach weitgehend vollständig in elektrische Energie umgewandelt werden, wodurch der Wirkungsgrad entsprechend erhöht wird. Solarzellen mit nur zwei Halbleiterschichten können bereits einen Wirkungsgrad von maximal 46% erreichen. Bei Verwendung dreier Halbleiterschichten liegt der Wirkungsgrad bereits über der 50%-Grenze. In beiden Fällen handelt es sich jedoch um theoretische Werte. In der Praxis sind bislang immerhin Werte von ca. 28,5% erreicht worden, wobei Solarzellen aus Galliumarsenid, Galliumaluminiumarsenid und Germanium erprobt wurden. Daß alle Möglichkeiten auf diesem Gebiet noch nicht erschöpft sind, folgt aus den theoretischen Überlegungen unabweislich. Man kann daher optimistisch in die Zukunft schauen, denn die Geschichte von Technik und Naturwissenschaft liefert ungezählte Beispiele, in denen Geduld und finanzieller Einsatz unerwartete Erfolge erbracht haben, die ihre Grenzen allein im Rahmen der Naturgesetze finden.

6.4 Solarmodule

Solarzellen stellen im Prinzip kleine Halbleiterelemente dar, die eine kleine Leistung mit einer relativ niedrigen Spannung liefern können. Will man mit Hilfe solcher Elemente einen Verbraucher mit elektrischem Strom versorgen, so muß man mehrere Solarzellen zu einem Solarmodul zusammenschalten. Dabei können die einzelnen Solarzellen innerhalb des betreffenden Moduls beliebig zusammengeschaltet werden, um die gewünschten elektrischen Daten zu erzielen.

Bild 45: Solarmodul M 55 aus dem Lieferprogramm der Firma Siemens Solar GmbH.

Solarmodule zählen mittlerweile zu den Warenartikeln des täglichen Lebens. Ihr Erwerb erfordert lediglich den Besuch eines geeigneten Fachgeschäfts. Auf Anruf liefern auch Fachversender derartige Module. Das Angebot der Industrie ist inzwischen weit gefächert.

Bild 45 zeigt ein Solarmodul aus dem Lieferprogramm der Firma ARCO Solar, einer Tochter der Firma Siemens Solar GmbH. Dabei handelt es sich um den Typ M 55, dessen Leistung 53 W beträgt. Die Betriebsspannung liegt bei 17,4 V, der Betriebsstrom bei 3,05 A. Die Leerlaufspannung beträgt dagegen 21,8 V, der Kurzschlußstrom 3,27 A. Tabelle 11 zeigt die Hauptkenndaten dieses Moduls sowie der Module M 75,

M 65 und M 25 aus der gleichen Serie. Die gelieferte Leistung liegt zwischen 22 W (M 25) und 53 W (M 55). Es handelt sich also um relativ kleine Module. Man kann sie aber beliebig zusammenschalten, um die geforderte Leistung bei der gewünschten Betriebsspannung und dem gewünschten Betriebsstrom zu erhalten.

Bild 46: Solarmodul LA 361 J 45 aus dem Lieferprogramm der Firma Kyocera. (Foto: Firma IBC)

Bild 47: Verschiedene Solarmodule aus dem Lieferprogramm der Firma Kyocera. (Foto: Firma IBC)

Bild 46 zeigt ein weiteres Solarmodul. Dabei handelt es sich um den Typ LA 361 J 45 aus dem Lieferprogramm der Firma Kyocera. Seine Leistung beträgt 45 W, sein Wirkungsgrad 13%. Tabelle 12 zeigt die Hauptkenndaten dieses Moduls, Bild 47 weitere Module aus dem Lieferprogramm der gleichen Firma.

Auch die Firma TST (Telefunken System Technik) bietet neben Solarzellen Solarmodule an. Tabelle 13 zeigt die Solarzellen-Kenndaten der Reihe TZZM ... sowie die Kenndaten der neuesten Solarmodule TZSL 0000/09 und TZSL 5000/09. Alle Solarzellentypen liefern naturgemäß eine Betriebsspannung der Größenordnung von 0,6 V. Der Betriebs-

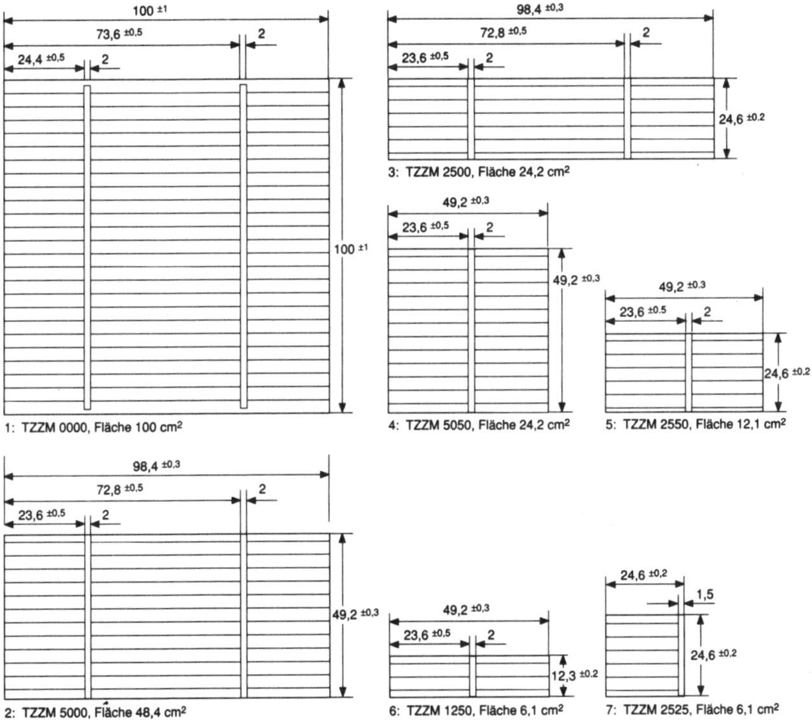

Bild 48: Form und Größe der Solarzellen der Reihe TZZM ... aus dem Lieferprogramm der Firma TST.

Tabelle 11: Hauptkenndaten von Solarmodulen der Firma ARCO Solar.

	M55	M75	M65	M25
Leistung (W_p)	53	47	14,5	22
Betriebsspannung (V)	17,4	16,0	14,5	14,6
Leerlaufspannung (V)	21,8	19,9	18,0	18,2
Betriebsstrom (A)	3,05	2,94	2,90	1,5
Kurzschlußstrom (A)	3,27	3,27	3,26	1,65
Länge (mm)	1293	1219	1082	569
Breite (mm)	330	330	330	330
Tiefe (mm)	36	36	36	36
Gewicht (kg)	5,7	5,2	4,8	2,5

Tabelle 12: Hauptkenndaten des Solarmoduls LA 361 J 45 aus dem Lieferprogramm der Firma Kyocera.

Nennleistung	45,7 W
Betriebsspannung	16,7 V
Betriebsstrom	2,74 A
Leerlaufspannung	20,7 V
Kurzschlußstrom	2,90 A
Länge	985 mm
Breite	445 mm
Höhe	36 mm
Gewicht	5,9 kg

strom variiert je nach Flächengröße zwischen 162 und 2730 mA. Das gleiche gilt für die Leistung, die zwischen 67 und 1150 mW liegt. Die Solarmodule liefern nicht nur eine größere Betriebsspannung (5157 mV), sondern auch einen höheren Betriebsstrom (1322 bzw. 2730 mA) und naturgemäß eine höhere Leistung (5018 bzw. 10365 mW). Die Bilder 48 und 49 zeigen Form und Abmessungen der genannten Solarzellen und Solarmodule.

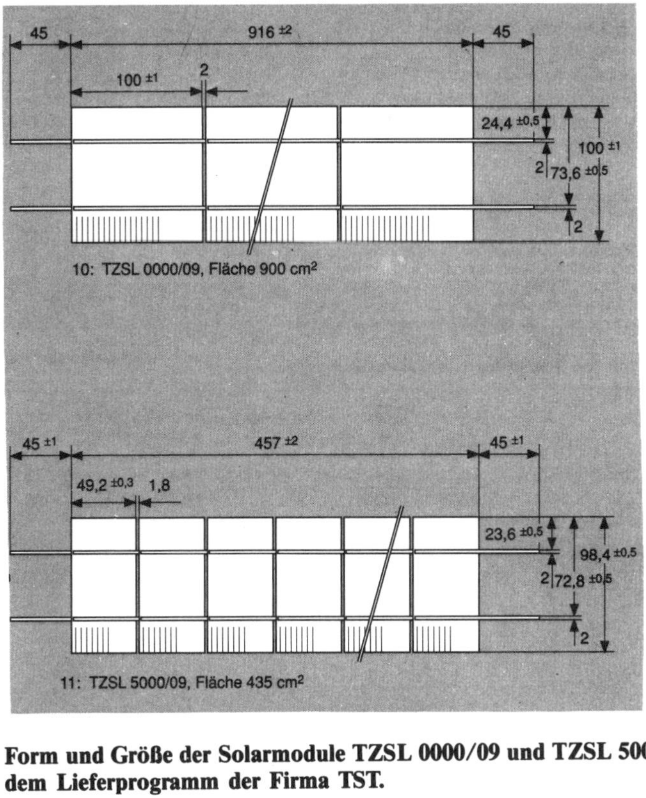

Bild 49: Form und Größe der Solarmodule TZSL 0000/09 und TZSL 5000/09 aus dem Lieferprogramm der Firma TST.

6.5 Solarzellen: Produktions- und Marktübersicht

Die Produktion von Solarzellen und Solarmodulen ist im vergangenen Jahrzehnt sprunghaft gestiegen, wie es Tabelle 14 veranschaulicht. Be-

Tabelle 13: Kenndaten der Solarzellen der Reihe TZZM und der Solarmodule TZSL 0000/09 und TZSL 5000/09 der Firma TST.

Typ	Länge (mm)	Breite (mm)	Fläche (cm^2)	U_0 (mV)	I_s (mA)	U_{Pmax} (mV)	I_{Pmax} (mA)	P_{max} (mW)
TZZM 0000	100,0	100,0	100,0	573	2730	457	2520	1150
TZZM 5000	49,2	98,4	48,4	573	1322	457	1220	558
TZZM 2500	24,6	98,4	24,2	573	661	457	610	279
TZZM 5050	49,2	49,2	24,2	573	661	457	610	279
TZZM 2525	24,6	49,2	12,1	573	331	457	305	139
TZZM 1250	12,3	49,2	6,1	573	167	457	154	70
TZZM 2525	24,6	24,6	6,1	573	162	457	147	67
TZSL 0000/09	916,0	100,0	900,0	5157	2730	4113	2520	10365
TZSL 5000/09	457,0	98,4	435,6	5157	1322	4113	1220	5018

trug der Umsatz im Jahre 1980 weltweit nur 100 Millionen Dollar, so stieg er im Jahre 1987 auf 370 Millionen Dollar. Zwischendurch lag er sogar über die 400 Mio.-Grenzen (1984). Für das Jahr 1991 rechnet man mit einem Betrag von 480 bis 500 Millionen Dollar.

Die weltweite Jahresproduktion stieg im gleichen Zeitraum von 3,3 MW im Jahre 1980 auf 35,0 MW im Jahre 1988. Etwa 30% davon wurden in den USA und weitere 30% in Japan produziert. Europa war mit 18% beteiligt.

Zwischen gewöhnlichen Si-Solarzellen und amorphen Si-Solarzellen lag das Verhältnis im gleichen Zeitraum bei knapp 2 : 1. So wurden im Jahre 1988 weltweit gewöhnliche Solarzellen mit einer Leistung von etwa 21 MW hergestellt, während die Produktion von a-Si-Solarzellen bei etwa 14 MW lag. Hinsichtlich der Firmen und Länder verteilte sich die Produktion so, wie es Tabelle 15 zeigt.

Tabelle 14: Weltweite Solarzellen- und Solarmodul-Produktion (MW) von 1980 bis 1988. (Quelle: PVIR)

Jahr	1980	81	82	83	84	85	86	87	88
USA	2,5	3,5	5,2	12,7	11,5	7,7	8,7	9,3	12,4
Japan	0,5	1,1	1,7	4,3	6,2	8,1	11,4	12,0	11,8
Europa	0,3	0,8	1,4	3,3	3,3	3,5	3,7	4,3	6,4
Rest	—	—	0,1	0,5	0,6	1,2	1,2	2,4	4,5
Summe:	3,3	5,4	8,4	20,8	21,6	20,5	25,0	28,0	35,0
Umsatz (Mio. $):	100	140	190	370	410	370	390	370	—

Tabelle 16 zeigt die Aufteilung der Solarzellenproduktion des Jahres 1988 auf die einzelnen Firmen. Mit einem Anteil von 22% ist die Firma ARCO Solar mit Abstand der größte Produzent. Nachdem diese Firma von der Siemens Solar GmbH übernommen wurde, ist letztere mit einem Anteil von etwa 25% der weltweit größte Hersteller von Solarzellen. Diese Situation dürfte in den kommenden Jahren etlichen Veränderungen unterliegen. Vor allem Japan wird bemüht sein, auch bei großflächigen und hocheffizienten Solarzellen eine bedeutende

Marktstellung zu erringen. Im Rahmen einer künftigen Solarwasserstoff-Wirtschaft, die sich in erster Linie auf die Photovoltaik stützt, bleibt innerhalb des riesigen Weltmarkts jedoch Platz nicht allein für die übrigen Industrieländer, sondern auch für Neulinge aus Drittländern.

Tabelle 15: Weltweite Produktion von a-Si-Solarzellen im Jahre 1988.

Firma	(MW)
Sanyo	4,8
Kaneka	2,2
Taiyo Yuden	1,3
Kyocera	0,6
Fuji	0,5
Sharp	0,2
Sonstige in Japan	0,1
Japan	9,7
Chronar	1,0
ARCO Solar	0,5
Sovonics	0,4
Solarex	0,2
USA	2,1

Firma	(MW)
Chronar France	1,0
Chronar Wales	0,9
Sonstige in Europa	0,1
Europa	2,0
Andere Länder	0,1

Gesamt weltweit: 13,9 MW

Tabelle 16: Aufteilung der Solarzellen-Produktion auf einzelne Firmen.

	Hersteller	Material	Fertigung (MW)	Markt-anteil (%)
USA	ARCO Solar	CZ/a-Si	7,0	22
Japan	Sanyo	a-Si	2,9	9
USA	Chronar	a-Si	2,5	8
USA	Solarex	Poly/a-Si	1,6	5
Japan	Kyocera	Poly	1,6	5
Indien	CEL	Poly	1,3	4
Japan	Fuji	a-Si	1,2	4
Japan	Toiyo	a-Si	1,1	4
BRD	Siemens Solar	CZ/a-Si	0,9	3
BRD	Telefunken	Poly	0,9	3
Japan	Hoxan	Poly	0,8	3
Summe	11		21,8	70 %
Rest	ca. 50		ca. 10	30 %
Gesamt	ca. 60		ca. 32	100 %

Hierzulande sind neben den genannten Firmen TST und Siemens Solar GmbH weitere Mitbewerber auf dem Markt erschienen. Dabei handelt es sich um die Firma NUKEM, eine Tochter des RWE-Konzerns, und um die Firma PST (Phototronics Solartechnik), ein Joint Venture

Bild 50: Wafer aus polykristallinem Silizium werden bei Heliotronic GmbH bereits in Großserien hergestellt. (Foto: Firma Heliotronic GmbH)

zwischen MBB (Deutschland) und TOTAL (Frankreich). Hinzu kommt die Firma Heliotronic GmbH, die Wafer aus polykristallinem Silizium produziert (vgl. Bild 50 und 51). Die Firma NUKEM setzt auf eine neue, vielversprechende Technologie, die die Herstellung sogenannter

Bild 51: Großserienmäßige Herstellung von Wafern aus polykristallinem Silizium bei Heliotronic GmbH. Rechts unten im Bild sind die Siliziumblöcke zu sehen, aus denen die Wafer gesägt werden.
(Foto: Firma Heliotronic GmbH)

MIS-Inversionsschicht-Solarzellen ermöglicht. Arbeiten herkömmliche Solarzellen wie Halbleiterdioden mit einem pn-Übergang, so weisen

Solarzellen dieses Typs einen induzierten pn-Übergang (mit n-leitender Inversionsschicht) nach Art eines MOS-Transistors auf. Bild 52 zeigt einige Solarmodule aus Solarzellen dieser Konzeption. Dabei sind im Labor Wirkungsgradwerte von 15 % erzielt worden. Geplant sind überdies Großmodule bis zu 1,5 m x 2,0 m (vgl. Bild 53). Mit Hilfe solcher Module hofft man, in Kürze eine erhebliche Reduzierung der Herstellungskosten zu erreichen.

Bild 52: Solarmodul aus MIS-Inversionsschicht-Solarzellen (Foto: Firma NUKEM)

Die Firma PST setzt sich das Ziel, amorphes Silizium großtechnisch zu vermarkten. Zu diesem Zweck hat sie am Firmensitz in Putzbrunn bei München die erforderlichen Fertigungsstätten eingerichtet (vgl. die Bilder 54, 55 und 56) und hofft auf die entsprechenden Aufträge. Die an-

Bild 53: Großmodul (3 m^3) aus MIS-Inversionsschicht-Solarzellen. Von der Fertigung derartiger Module verspricht man sich eine erhebliche Kostensenkung. (Foto: Firma NUKEM)

Bild 54: Solarzellen-Fertigungsstätte der Firma Phototronics Solartechnik GmbH (PST). Jährliches Produktionsziel: 20000 - 60000 a-Si-Module (≙ 1-3 MWe). (Foto: Firma PST)

Bild 55: Großfertigung von a-Si-Solarzellen bei der Firma Phototronics Solartechnik GmbH. (Foto: Firma PST)

gestrebte Kapazität soll 20000 bis 60000 Solarmodule mit einer Leistung von 1 bis 3 MWe pro Jahr betragen. Dabei werden Dünnschicht-Solarzellen mit Tandemstruktur hergestellt, von denen ein Wirkungsgrad von 15% erwartet wird. Im Labor ist dieses Ziel bereits erreicht worden. Neben kundenspezifischen Produkten sind vier Standard-Solarmodule mit den folgenden Daten geplant:

Bild 56: Automatische Fertigung von a-Si-Solarzellen bei Phototronics. (Foto: Firma PST)

Typ	Leistung (W)	Abmessungen (mm)
SM 6000	36 - 42	600 x 1000
SM 3000	18 - 21	300 x 1000
SM 2000	12 - 14	600 x 330
SM 1000	6 - 7	300 x 300

Die beiden ersten Typen sind mit Aluminiumrahmen, die beiden letzten mit Plastikrahmen versehen.

6.6 Solarzellen und ihre Wirtschaftlichkeit

Eines der geläufigsten Argumente gegen die Nutzung der Sonnenenergie, das nicht zuletzt von den Verfechtern der Kernenergie ins Feld geführt wird, betrifft ihre Wirtschaftlichkeit. Dabei wird vor allem die Photovoltaik und damit die Solarzellen ins Visier genommen, da ihre Herstellungskosten den wesentlichsten Kostenfaktor für die installierte Leistung repräsentieren.

Was kostet heute der Solarstrom, und welche Aussichten bestehen, daß sein Preis künftig mit dem des Kernenergiestroms konkurrieren kann? Um diese Frage zu beantworten, werden von Befürwortern wie von Gegnern der Sonnenenergie vielfach Zahlen angeführt, die der Realität nicht entsprechen.

Als während der 60er Jahre zum erstenmal Solarzellen in der Raumfahrt eingesetzt wurden, um beispielsweise Satelliten mit Solarstrom zu versorgen, kosteten sie etwa 500 \$/W. Ein Jahrzehnt später war der Preis auf etwa 80 \$/W gesunken, und Mitte der 80er Jahre lag er bei nur etwa 10 \$/W. Dabei bezogen sich diese Preise auf monokristalline Solarzellen. Polykristalline bzw. a-Si-Solarzellen sind naturgemäß preiswerter, weisen jedoch, wie wir gesehen haben, kleinere Wirkungsgradwerte auf.

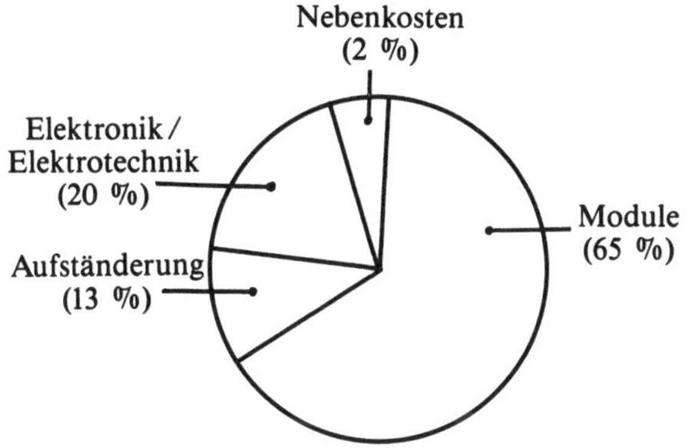

Bild 57: Prozentuelle Kostenaufteilung von Solarstrom auf der Basis von 2,00 DM/kWh.

Die EG-Kommission schätzte 1987 den Preis aus polykristallinen Solarzellen errichteter Module auf 3,50 bis 4,00 DM/W. Das entspricht Strompreisen, die zwischen 2,00 und 3,00 DM/kWh liegen. Sie können also keineswegs mit dem Preis des Kernenergiestroms konkurrieren. Dabei beziehen sich diese Zahlen auf relativ große Photovoltaik-Anlagen und auf mitteleuropäische Klimaverhältnisse. Geht man von 2,00 DM/kWh aus, so verteilen sich die Kosten prozentuell so, wie es das Diagramm des Bildes 57 zeigt. Danach entfallen etwa 65% auf die Solarmodule. Die erforderliche Elektronik bzw. Elektrotechnik kostet etwa 20%, die Aufständerung etwa 13%. Der Rest von ca. 2% entfällt auf die übrigen Nebenkosten. Die sogenannten Solarstrompreise enthalten allerdings keine *„Umweltgutschrift"*, die man beim Preisvergleich gerechterweise mitberücksichtigen müßte. Gemeint ist jene Gutschrift, die bei der Anwendung erneuerbarer Energiequellen dadurch zustandekommt, daß die bei der Nutzung fossiler Energieträger erforderliche Rauchgasentschwefelung und -entstickung entfallen. Die Beseitigung dieser Emissionen stellt bekanntlich eine kostspielige Angelegenheit dar. Die Preise hierfür liegen nämlich bei der Stromerzeugung um 3,00 DM pro kg SO_2 und NO_2, was wiederum den Solarstrom um etwa 2 Pf/kWh verbilligt. Hinzu kommt eine weitere *„Umweltgutschrift"* durch den Umstand, daß erneuerbare Energiequellen die Umwelt ent-

lasten, wovon Mensch und Natur nur profitieren können. Diese Entlastung ist allerdings kostenmäßig schwierig zu erfassen, so daß auf diesem Gebiet oft weit auseinandergehende Zahlen genannt werden. Für die Windenergie liegen sie beispielsweise je nach Leistung der verwendeten Anlage zwischen 24 und 3 Pf/kWh. Für die Photovoltaik werden Werte um 5 Pf/kWh genannt, die ebenfalls von der Größe der betreffenden Anlage abhängen. Solche Zahlen sind jedoch stets mit Vorsicht zu genießen; und soweit sie zutreffen, reichen sie nicht hin, den Solarstrom gegenüber dem konventionell erzeugten Strom konkurrenzfähig zu machen. Die genannten Solarstrompreise beziehen sich natürlich auf die heutigen, relativ kleinen Produktionslinien. Realistischere Werte können erst dann gewonnen werden, wenn Großproduktionen einer Größenordnung von mehreren MW pro Jahr eingeleitet sind. Eben deswegen erwähnt bespielsweise der Ad-hoc-Ausschuß beim Bundesminister für Forschung und Technologie des Jahres 1988 die gewünschten Produktionslinien für *„solaren Wasserstoff“* mit folgenden Worten:
„Welche Kosten- und Preisreduktionen bei der Herstellung von kristallinen Modulen oder Dünnschichtmodulen realisierbar sind, läßt sich erst beim Betrieb einer Pilotproduktionsanlage mit einer Jahreskapazität von einigen 10 MW genauer ermitteln. Der Ausschuß begrüßt deshalb die Planung solcher Anlagen (deren Bau auch aus technischen Gründen für wünschenswert gehalten wird) und die Bemühungen im Bereich der Anwendungstechnik zur intensiven Markterschließung für dezentrale Anwendungen. Die Dringlichkeit einer Förderung von Produktionsanlagen kann erst gegen Ende der genannten Vorarbeiten der ersten Phase beurteilt werden, wenn Entwicklungsergebnisse zu Dünnschichtmodulen sowie erste Planungs- und Bauunterlagen vorliegen und andererseits Wege für den Absatz der Module aufgezeigt werden.“

Die Firmen TST, Siemens Solar GmbH, PST und NUKEM sind hierzulande inzwischen auf Produktionskapazitäten der genannten Größenordnung vorbereitet. Es steht zu erwarten, daß die entsprechenden Aufträge nicht lange auf sich warten lassen werden. Diese Aufgabe aber muß weitgehend vom Staat übernommen werden.

7 Solaranlagen und photovoltaische Kraftwerke

Um mit Hilfe von Solarzellen ausreichende elektrische Energie aus Sonnenstrahlung zu gewinnen, müssen naturgemäß mehrere Solarmodule zusammengeschaltet werden. Auf diese Weise entsteht ein Solargenerator. Seine Betriebsspannung, sein Betriebsstrom und seine Leistung sind nach allem, was wir im Voranstehenden besprochen haben, von seiner Fläche sowie von der Art und Weise der Zusammenschaltung der einzelnen Module abhängig.

Solargeneratoren stellen im Prinzip das Kernstück einer jeden Solaranlage dar.

Der Begriff *„Solaranlage"* ist im Grunde weit gefaßt. So wird er sowohl für einfache Anlagen, die Solarstrom für kleine Verbraucher liefern, als auch für große Anlagen verwendet, welche mit Fug und Recht als Solarkraftwerke bezeichnet werden können. Dazwischen liegen Solaranlagen aller nur denkbarer Dimensionen. Für kleine Solaranlagen wird gelegentlich auch der Begriff *„Solargenerator"* verwendet. Prinzipiell kann man Solaranlagen in drei Gruppen einteilen (vgl. Bild 58).

Die erste dieser Gruppen enthält die sogenannten Kleinanlagen, d.h. Anlagen, die im Watt-Bereich arbeiten. Diese Anlagen versorgen naturgemäß Kleinverbraucher und sind in der Regel für dezentrale Einsätze gedacht. Anlagen dieser Art bestehen aus einem Solargenerator, einem Laderegler, einer Batterie und gegebenenfalls einem Wechselrichter.

Die zweite Gruppe enthält Solaranlagen für mittlere Leistungen, d.h. Leistungen im kW-Bereich. Sie sind in erster Linie für dezentrale Versorgungen gedacht und enthalten einen Dieselgenerator, der dann einspringt, wenn die vom Solargenerator erzeugte elektrische oder die in der Batterie gespeicherte Energie nicht mehr ausreicht. Solaranlagen dieser Art sind komplizierter als die der ersten Gruppe. Sie bestehen in der Regel aus einem Solargenerator, einem Gleichstromsteller (MPP-Schaltung), einem Wechselrichter, einer Batterie, einer Steuerung sowie

a) Kleinanlage (dezentrale Versorgung; W-Bereich)

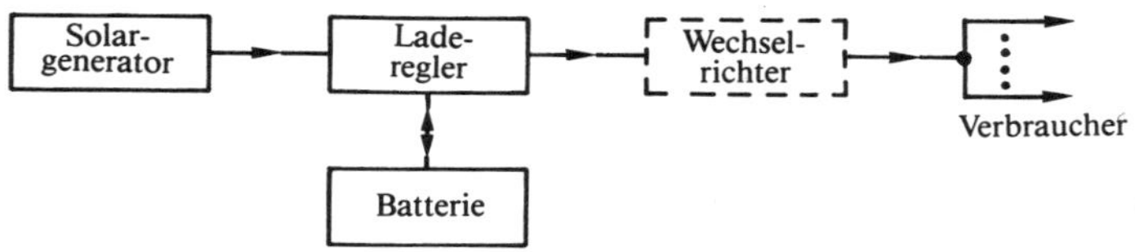

b) Mittelanlage (Zentralversorgung; kW-Bereich)

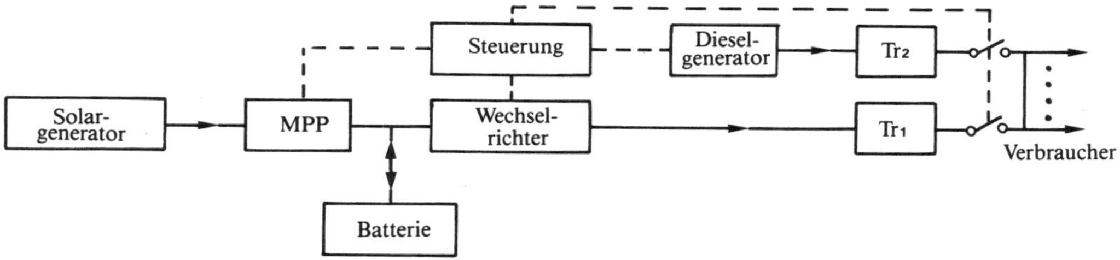

c) Großanlage (Zentralversorgung; MW-Bereich)

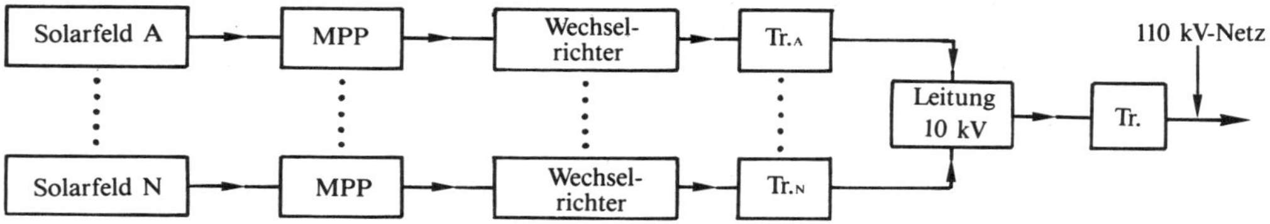

Bild 58: Prinzipaufbau von Solaranlagen.

einem Transformator (Tr_1). Ein zusätzlicher Transformator (Tr_2) ist für den oft verwendeten Dieselgenerator bestimmt.

Die dritte Gruppe schließlich enthält Großanlagen, die naturgemäß dezentral arbeiten. Sie sind an das Stromnetz angeschlossen und unterstützen die konventionellen Kraftwerke. Anlagen dieser Art, die im MW-Bereich arbeiten, bestehen aus mehreren Solarfeldern. Jedes dieser Felder enthält eine MPP-Schaltung, einen Wechselrichter und einen Transformator, der die erzeugte Spannung auf 10 kV-Hochspannung transformiert. Aus dieser gemeinsamen Hochspannung erzeugt ein weiterer Transformator eine 100 kV-Spannung, die der Hochspannung des Stromnetzes entspricht, damit die erzeugte elektrische Energie dem Stromnetz zugeführt werden kann. Solaranlagen dieser Konzeption können daher auch als Solarkraftwerke bezeichnet werden.

Solaranlagen bzw. Solarkraftwerke können, wie wir gesehen haben, jedoch auch zur Gewinnung von Solarwasserstoff benutzt werden. In diesem Fall entfallen naturgemäß die Hochspannungstransformatoren. Das Grundprinzip der Anlage bleibt jedoch gewahrt.

Photovoltaische Solarkraftwerke werden inzwischen sowohl als Pilotprojekte als auch kommerziell betrieben. Dabei lag ihre Leistung lange Zeit unterhalb der 300 kW-Grenze. Erst im Jahre 1983 wurde mit einem Solarkraftwerk im kalifornischen Hesperia die 1 MW-Grenze erreicht. Schon ein Jahr später wurde in Carrisa Plains (Kalifornien) ein 6,5 MW-Solarkraftwerk in Betrieb genommen, dessen Ausbau auf 16 MW bereits in Angriff genommen ist. In Sacramento wird ein 1,2 MW-Solarkraftwerk gar auf 100 MW erweitert. Damit stößt man mittlerweile in Leistungsdimensionen vor, die noch vor einem Jahrzehnt für nicht realisierbar gehalten wurden. Die erreichte Größenordnung veranschaulicht der Vergleich mit herkömmlich betriebenen Kraftwerktypen: Zehn Solarkraftwerke der genannten Art sind also in der Lage, die Leistung eines mittelgroßen Kernkraftwerks zu erbringen. Dabei sind einer weiteren Steigerung des Energieertrags keine physikalischen Grenzen gesetzt, da Solarfelder beliebig zusammengeschaltet werden können, um beliebig hohe Leistungen zu erzielen. Hinzu kommt, daß der Wirkungsgrad der Solarzellen ständig verbessert wird, so daß mit der gleichen

Solarzellenfläche immer größere elektrische Energiemengen gewonnen werden können. Überdies wird man in zunehmendem Maße von der starren Montage der Solarmodule zu nachführbaren Heliostaten übergehen, wodurch die Effektivität um bis zu 50% erhöht werden kann. Photovoltaische Solarkraftwerke weisen also keine Leistungsgrenzen auf, wie es die Anhänger der Kernenergie gerne glauben machen wollen.

7.1 Das RWE-Solarkraftwerk Kobern-Gondorf

Seit Ende 1988 betreibt RWE die größte photovoltaische Anlage Europas. Sie befindet sich oberhalb des Moselortes Kobern-Gondorf in der Nähe von Koblenz. Die Gesamtfläche des Anwesens beträgt 5600 m², von denen etwa 3000 m² von den Solarmodulen beansprucht werden.

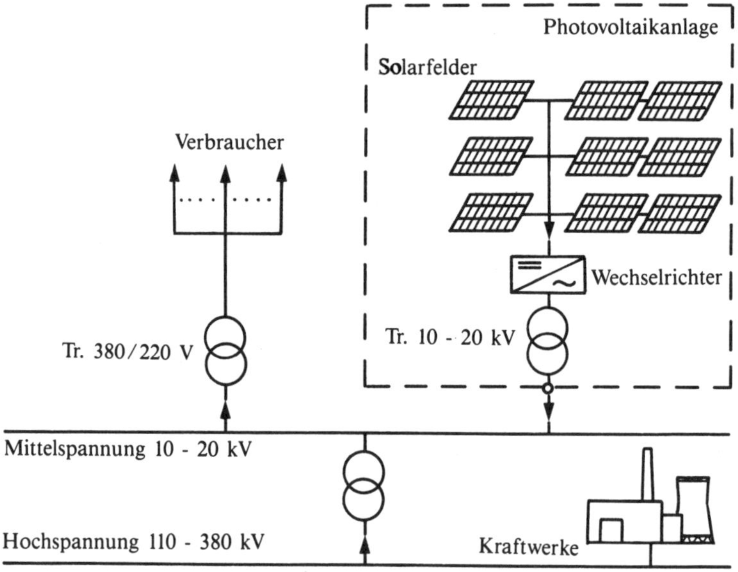

Bild 59: Prinzipaufbau des RWE-Solarkraftwerks in Kobern-Gondorf.

Bild 59 zeigt das Konzept dieser Anlage sowie ihre Nahtstelle zum Stromnetz, an das sie den erzeugten Solarstrom liefert. Aus diesem Bild sieht man auch, daß die Anlage ohne Speicherbatterien arbeitet und deswegen als unmittelbar netzgekoppelt anzusehen ist. Die Anlage, die aus 8 Solarfeldern, einem Wechselrichter und einem Transformator besteht, liefert eine 10 bis 20 kV-Spannung, die über einen weiteren Transformator mit der Netz-Hochspannung von 100 bis 380 kV verbunden ist. Der Solargenerator besteht aus 7740 Solarmodulen, die in 8 Solarfeldern (A bis C und T_1 bis T_5) zusammengefaßt sind. Die Anordnung der Felder veranschaulicht Bild 60. Weitere Einzelheiten der Solarfelder faßt Tabelle 17 zusammen. Daraus ist zu entnehmen, daß die verwendeten Solarzellen aus den verschiedensten Technologien und von den verschiedensten Herstellern stammen.

Die maximale Leistung der Anlage beträgt 340 kW. Drei große Solarfelder (A bis C) aus poly- bzw. monokristallinen Si-Solarzellen mit einer Spitzenleistung von je ca. 100 kW erzeugen durch entsprechende Reihenschaltung der Solarmodule eine Nenngleichspannung von 380 V.

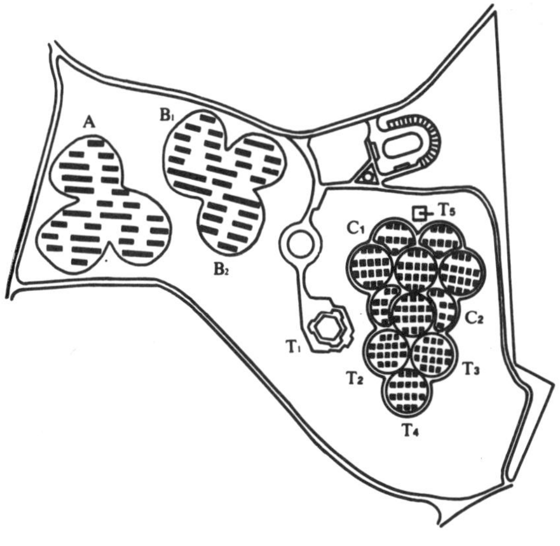

Bild 60: Lageplan und Anordnung der 8 Solarfelder des RWE-Solarkraftwerks in Kobern-Gondorf.

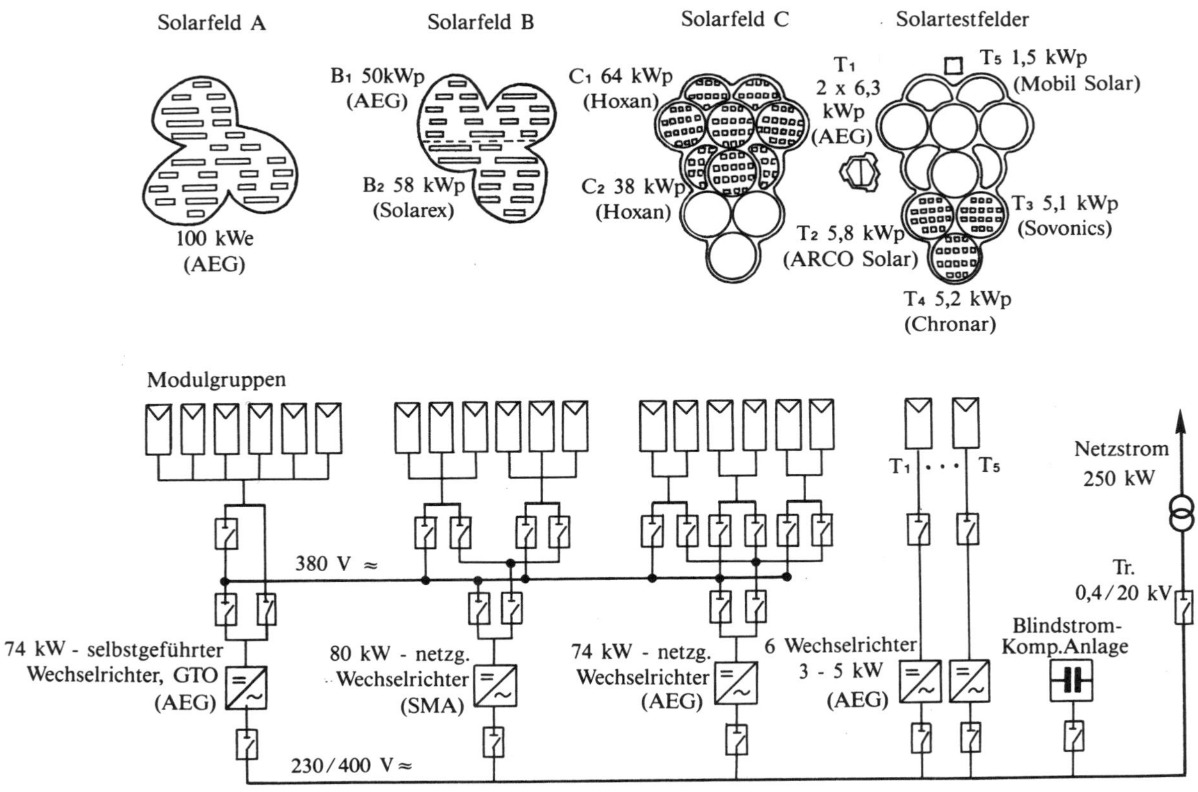

Bild 61: Prinzipschaltung des RWE-Solarkraftwerks in Kobern-Gondorf.

Fünf kleinere Testfelder (T_1 bis T_5) weisen eine Spitzenleistung von 1,4 bis 12 kW bei unterschiedlichen Spannungen zwischen 60 und 400 V auf. Somit besteht die Möglichkeit, sowohl große als auch kleine Photovoltaiksysteme experimentell zu untersuchen.

Bild 61 veranschaulicht die Prinzipschaltung der Gesamtanlage. Daraus ist zu entnehmen, daß jedes Solarfeld seinen eigenen Wechselrichter aufweist, der den erzeugten Gleichstrom in Wechselstrom umwandelt. Dabei werden die unterschiedlichsten Wechselrichtertypen mit den verschiedenartigsten Bauelementen eingesetzt. Eine Gleichstrom-Sammelschiene der Solarfelder A bis C ermöglicht es, die Zuordnung der großen Wechselrichter zu verändern bzw. die Solarfelder A bis C auch mit nur einem gemeinsamen Wechselrichter zu betreiben. Die verfügbare Leistung läßt sich hierbei durch Zu- oder Abschaltung von Modulgruppen variieren. Die Wechselrichter speisen den erzeugten netzsynchronen Drehstrom über einen Transformator in die bereits erwähnte 10 bis 20 kV Mittelspannungsleitung.

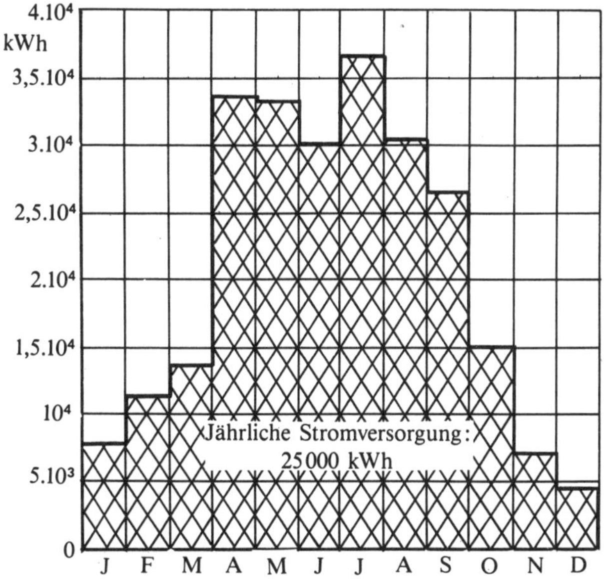

Bild 62: Jährliche Stromerzeugung des RWE-Solarkraftwerks in Kobern-Gondorf

Bild 63: Gesamtansicht des RWE-Solarkraftwerks in Kobern-Gondorf. (Foto: Firma RWE)

Die jährliche Stromerzeugung beläuft sich auf stolze 250 000 kWh. Die monatliche Verteilung ist allerdings wetterabhängig, wie es das Diagramm des Bildes 62 zeigt. Die größte Energiemenge wird danach erwartungsgemäß in der Sommerperiode erzeugt.

Bild 64: Betriebs- und Informationsgebäude des RWE-Solarkraftwerks in Kobern-Gondorf. (Foto: Firma RWE)

Tabelle 17: Solarfelder des RWE-Solarkraftwerks in Kobern-Gondorf und ihre Hauptkenndaten.

Feld	Hersteller	Modultyp	Technologie	Anzahl der Module	Maximale Leistung (kWp)
A	AEG	PQ 10/40/A09	multikristallin	2244	100
B1	AEG	PQ 10/40/A02	multikristallin	1122	50
B2	Solarex	MSX 60	multikristallin	966	58
C1	Hoxan	H 4001	monokristallin	1584	64
C2	Hoxan	H 5310	monokristallin	720	38
T1	AEG	MQ 10/40	monokristallin	250	2x6,3
T2	ARCO Solar	G 4000	amorph	192	5,8
T3	Sovonics	P 101	amorph	224	5,1
T4	Chronar	CSB 13 E	amorph	432	5,2
T5	Mobil Solar	Ra 230	monokristallin	6	1,4
Gesamt:				7740	340,1

Bild 65: Im Rahmen des Solarkraftwerks Kobern-Gondorf werden u.a. auch Module aus amorphen Tandemsolarzellen untersucht. (Foto: Firma RWE)

7.2 Das photovoltaische Kraftwerk Neurather-See

Mit dem Solarkraftwerk Neurather-See, das sich derzeit (1991) im Bau befindet, setzt RWE das Projekt des geplanten 1 MW-Photovoltaik-Kraftwerks fort, das vor wenigen Jahren mit dem photovoltaischen Solarkraftwerk in Kobern-Gondorf begonnen wurde.

Auf dem Steilhang eines ehemaligen Braunkohletagebaus zwischen Köln und Aachen entsteht auf diese Weise ein 360 kW-Solarkraftwerk. Dabei geht es hier nicht so sehr um die Funktion des Gesamtsystems als um die Untersuchung von Möglichkeiten der Kostenreduktion beim Bau künftiger Solarkraftwerke im allgemeinen. Der Solargenerator dieses Kraftwerks besteht aus 12 Hauptmodulen oder *„Tischen"*, die aus insgesamt 3850 Solarmodulen aus Solarzellen der verschiedensten Technologien und Hersteller (vgl. Tabelle 18) bestehen. Hier werden also sowohl multi- als auch monokristalline Technologien erprobt, wobei der Wirkungsgrad zwischen 10% und 12% liegt. Die Leistung der einzelnen Module variiert zwischen 53 und 270 W.

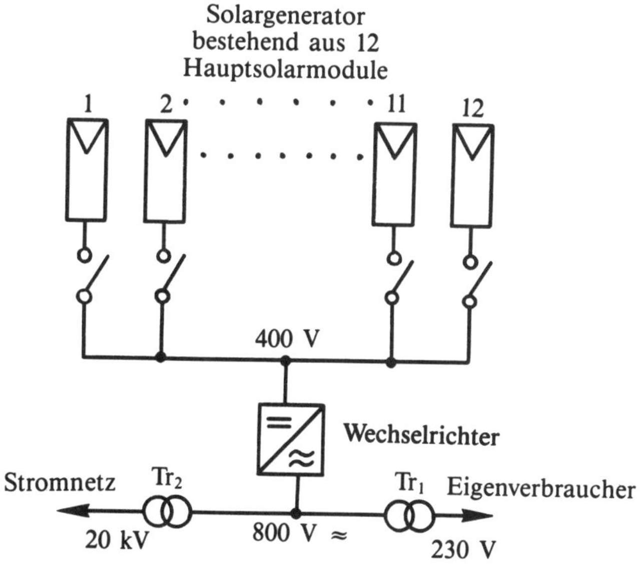

Bild 66: Blockdiagramm des Solarkraftwerks Neurather-See. (Foto: Firma RWE)

Die 12 Hauptmodule oder „*Tische*", die aus jeweils 120 bis 528 Modulen erstellt sind, bilden, wie Tabelle 19 zeigt, 6 Teilgeneratoren der unterschiedlichsten Leistungen. Der erste davon umfaßt die Hauptmodule 2, 3 und 12, der zweite die Hauptmodule 4 und 5, der dritte das Hauptmodul 1, der vierte die Hauptmodule 6, 7 und 11, der fünfte die Hauptmodule 8 und 9 und der sechste das Hauptmodul 10.

Tabelle 18: Kenndaten der Solarmodule des Solargenerators Neurather-See.

Hersteller	Solarmodul-bezeichnung	Modultyp	Leistung (W)	Wirkungs-grad (%)
Nukem/Solarex	NSO	multikr.	267	11
Nukem/TST	NT	multikr.	228	10
Nukem/Siemens	NSi	monokr.	270	12
Solarex	So	multikr.	58	11
TST	TST	multikr.	50	10
Siemens	Si	monokr.	53	12

Tabelle 19: Kenndaten des Solargenerators Neurather-See.

Tisch-Nr.	Modul-bezeichnung	Modulanzahl je Tisch	Leistung je Tisch (kW)	Gesamtleist. je Teilgen. (kW)
2, 3, 12	NSo	120	32	96
4, 5	NT	130	30	60
1	NSi	120	32	32
6, 7, 11	So	528	31	92
8, 9	TST	504	25	50
10	Si	528	28	28
			Gesamtleistung:	358 kW

Das Hauptmodul 1 besteht aus 120 NSi-Modulen, die je 270 W erzeugen. Die Gesamtleistung beträgt somit 120 x 270 ≈ 34 kW. Die Hauptmodule 4 und 5 bestehen aus 130 NT-Modulen mit einer Leistung von

Bild 67: Gesamtansicht des Solarkraftwerks Neurather-See. **(Foto: Firma RWE)**

je 228 W. Die Gesamtleistung des Teilgenerators beträgt somit 2 x 130 x 228 $\approx$ 60 kW. Die Gesamtleistung der Anlage beläuft sich auf ca. 360 kW.

Der Solargenerator liefert eine 400 V-Gleichspannung, die mit Hilfe eines 360 kW-Wechselrichters in eine 800 V-Wechselspannung umgeformt wird. Der Transformator Tr_1 liefert 230 V für die eigenen Verbraucher, der Transformator Tr_2 20 kV für die Netzeinkoppelung. Der verwendete Wechselrichter ist naturgemäß netzsynchron und besteht aus einer sechspulsigen Thyristorbrücke mit nachgeschalteter Kompensation.

Für die Beurteilung der praktischen Ergebnisse der Anlage werden fortwährend Meßdaten erfaßt, gespeichert und mit Hilfe von Computern analysiert. Diese Daten betreffen beispielsweise die gewonnene elektrische Energie, Wetterdaten, Gleich- und Wechselspannung usw. Wie im Falle des Kraftwerks Kobern-Gondorf wird auch hier die Ökologie sorgsam berücksichtigt. Dabei gilt als Zielsetzung der Nachweis, daß das Gelände neben der umweltfreundlichen Stromerzeugung auch als ökologisch wertvolles Refugium für seltene Pflanzen genutzt werden kann. Auf den gehölzfreien Flächen im Bereich der Solarmodule ist die Entwicklung eines artenreichen Magerrasens vorgesehen. Als zusätzliche Artenhilfsmaßnahme wird eine Nistwand zur Ansiedlung der gefährdeten Uferschwalbe errichtet. In Zusammenarbeit mit der Rheinisch-Westfälischen Technischen Hochschule in Aachen (Institut für elektrische Anlagen und Energiewirtschaft) wird ein wissenschaftliches Programm durchgeführt, das die folgenden Schwerpunkte umfaßt:

- Technische Zuverlässigkeit der Komponenten;
- Wirkungsgradwerte;
- Blind- und Wirkleistungsschwankungen;
- Gleichzeitigkeitsgrad der Leistungsabgabe.

Die Erkenntnisse aus diesem Programm sollen für spätere Aktivitäten auf dem Gebiet der Photovoltaik genutzt werden.

Die erwartete jährliche elektrische Energie wurde aufgrund der Meßdaten eines Jahres (Testreferenzjahr) durch Computersimulation ermittelt. Sie liegt bei knapp 300 000 kWh. In der Praxis erwartet man einen Wert von etwa 270 000 kWh.

Das Projekt stellt, wie gesagt, die zweite Phase eines 1 MW-Vorhabens dar. In einer dritten Phase werden die Erfahrungen aus diesem Projekt genutzt, um neue Technologien, darunter die bereits genannten MIS-Inversionsschicht-Solarzellen, zu erproben.

Für Besucher wird auf dem Gelände des Kraftwerks ein Informationszentrum errichtet. Dort soll ein Besucherdienst durch Führungen und Vorträge Einblick in die Nutzung der Sonnenenergie allgemein geben.

7.3 Das Autobahn-Solarkraftwerk (Schweiz)

Das vielfach verwendete Argument, daß Solarkraftwerke große Bodenflächen beanspruchen, die zumindest in dichtbesiedelten Gebieten rar sind, versucht die Schweiz zu entkräften, indem sie Solarkraftwerke auf Flächen errichtet, die sonst keine Verwendung finden. So ist beispielsweise auf der N13 zwischen Felsberg und Donat/Ems südlich von Chur eine 100 kW-Solaranlage auf der ohnehin vorhandenen Schallschutzwand installiert. Diese Anlage soll als Pilot- und Demonstrationsprojekt dienen. Dabei handelt es sich weltweit um das erste Solarkraftwerk dieser Art, das dem öffentlichen Netz eine jährliche Energie von etwa 140 000 kWh liefern soll. Diese Energie entspricht dem durchschnittlichen Jahresverbrauch von etwa 90 Schweizer Bürgern.

Der Solargenerator weist eine Länge von 830 m und eine Breite von 1,3 m auf. Die Baukosten (ohne Betriebskosten) belaufen sich auf etwa zwei Millionen Schweizer Franken und werden durch das Bundesamt für Energiewirtschaft aufgebracht. Die genannte Summe verteilt sich folgendermaßen auf die einzelnen Teilbereiche:

- Solarzellen: 41%
- Tragstruktur: 15%
- Wechselrichter: 14%
- Verkabelung: 30%

Die genannte Schallschutzwand weist eine Gesamtlänge von 2 km auf, so daß eine spätere Erweiterung der Anlage möglich ist. Die verwendeten Solarmodule stammen von der Firma Kyocera, die eine zehnjährige Garantie für ihre Produkte gewährt. Sie stellen 50 W-Einheiten dar, was die Montagearbeit erheblich vereinfacht. Sowohl die Strom- als auch die Meßsignalkabel sind in einem Kabelkanal auf dem Scheitel der Schallschutzwand installiert. Die ganze Anlage ist überdies durch eine Blitzschutzeinrichtung gegen Blitzschlag gesichert. Dabei sind am Anfang und am Ende jeder einzelnen Leitung Varaktoren eingebaut, die dafür sorgen, daß die bei einem Blitzeinschlag entstehenden Überspannungen abgeleitet werden.

Für die Umwandlung des erzeugten Gleichstroms in Wechselstrom sorgen netzgeführte Wechselrichter, die von der Firma Siemens Solar GmbH stammen. Ihr Wirkungsgrad beträgt bei Nennleistung 97%. Der Netzanschluß zum lokalen Elektrizitätswerk Tamins erfolgt über eine dreiphasige 400 V-Leitung und einen vorhandenen 200 kVA-Mittelspannungstransformator.

Die Anlage ist im Rahmen einer zweijährigen Versuchsphase von der Firma TNC Consulting AG betrieben worden. Die dabei gewonnenen Erfahrungen sollen nun dazu verwendet werden, eine weitere Anlage entlang einer Eisenbahnlinie zu errichten. Nach Abschluß der Versuchsphase ist die Anlage an einen permanenten Betreiber übergeben worden, der gegen Bezahlung Strom an das öffentliche Netz liefert.

7.4 Photovoltaik-Anlagen und Biotope

Die im Vorwort vorgestellte von Grün und Blau geprägte Landschaft der Zukunft ist keineswegs als utopisch zu betrachten. Bereits heute zeichnet sich aufgrund experimenteller Erkenntnisse ab, daß Photovoltaik-Anlagen doch harmonisch in die Landschaft integriert werden können.

RWE ist weltweit das erste Unternehmen, das entsprechende Untersuchungen vorgenommen hat. Die Ergebnisse waren überraschend positiv. Diese Untersuchungen, die zuerst im Rahmen der Photovoltaik-Anlage in Kobern-Gondorf durchgeführt wurden, begannen mit der Zielsetzung, innerhalb des verwendeten Geländes, das sich auf einer ursprünglichen Ackerfläche erstreckt, zusätzlichen Lebensraum für die typischen Tier- und Pflanzenarten der betreffenden Gegend, im vorliegenden Fall der Untermosel, zu schaffen. Gezielte Maßnahmen sollen insbesondere bedrohte Arten unterstützen.

Aus optischen Gründen und als Verbindung zum historischen Weinort Kobern-Gondorf wurde eine Konzeption der Modultische in Form von Weintraube und Weinblatt gewählt. Die Modulreihen sind so angeordnet, daß eine Beschattung der Solarmodule selbst um die Mittagszeit des Tages des niedrigsten Sonnenstandes (21. Dezember) ausgeschlossen ist. Um eine optimale Stromausbeute zu erzielen, darf es auch zu keiner Beschattung durch Pflanzen kommen. Daher wird es innerhalb der Solargeneratorfelder keinen Baum- oder Strauchwuchs geben. Oberstes Gebot bei allen Maßnahmen der Biotoppflege ist die ökologisch sinnvolle Gestaltung der Biotopfläche. Maßnahmen dieser Art haben einstweilen Versuchscharakter und sollen unter anderem Erkenntnisse für die folgenden Probleme liefern:

- Einfluß der technischen Einrichtungen auf Fauna und Flora unter den Photovoltaik-Modulen;
- Einfluß unterschiedlichen Bodensubstrats auf die Entwicklung der Vegetation;
- Saaterfolg verschiedener Samenmischungen im Vergleich zu saatfreien Flächen;
- Vegetationsentwicklung auf saatfreien Flächen;
- Auswirkungen von Pflegemaßnahmen;
- Besiedlung mit Tierarten;
- Realisierbarkeit von Artenhilfsprogrammen.

Neben den klimatischen Gegebenheiten sind die übrigen Standortfaktoren, dabei vor allem die Bodenverhältnisse, für die Zusammensetzung von Pflanzengemeinschaften entscheidend. Die Fläche der Photovoltaik-Anlage wurde früher als Ackergelände genutzt und entsprechend gedüngt sowie gespritzt. Unter der Geländeoberkante wurde vor Beginn der Bauarbeiten eine 20 bis 30 cm dicke Oberbodenschicht (Mutterboden) angetroffen. Innerhalb der Solarfelder wurde für die Bautätigkeiten der stickstoffreiche Mutterboden abgehoben und später in Teilbereichen wieder ausgebracht. Innerhalb einer Teilfläche der Anlage wurde Bodenmaterial aus der Wiederinstandsetzung der Zufahrtsstraße verteilt. Eine Teilregion im südlichen Anlagenteil verblieb im Ursprungszustand (Ackerbrache).

Ökologisch sinnvoll scheint die Aussaat von gesammelten und grob gereinigten Samenmischungen aus entsprechenden Biotoptypen der näheren Umgebung der Anlage zu sein, was allerdings aufgrund der bestehenden Naturschutzgesetze nicht leicht zu verwirklichen ist. Daher können nur Teilflächen der Anlage mit Saatgut aus Samensammlungen besät werden.

In Anlehnung an die in der Nähe der Anlage vorkommenden Pflanzengesellschaften wurden zwei unterschiedliche Trockenrasentypen („Trockenrasen 1" und „Trockenrasen 2") ausgesät. Überdies wird durch vergleichende Untersuchungen ermittelt, welche Tierarten mit welcher Häufigkeit aus den angrenzenden Biotopen einwandern und welche Populationsdynamik diese in der Anlage entwickeln. Bei den zoologischen Untersuchungen liegt der Schwerpunkt auf den wirbellosen Tieren.

Solche und ähnliche Untersuchungen sollen helfen, einen Beitrag zur Unterstützung der bedrohten Natur zu leisten, wobei das Biotop der Photovoltaik-Anlage Kobern-Gondorf kein zoologischer oder botanischer Garten, sondern lediglich ein naturnaher Landschaftsteil sein kann, der sich unter ökologischen Gesichtspunkten harmonisch in die bestehenden Landschaftsstrukturen eingliedert.

Untersuchungen der genannten Art sind begrüßenswert, da sie Erkenntnisse liefern, die im Rahmen einer künftigen vor allem auf die Photovoltaik gestützten Solarwasserstoff-Wirtschaft unzweifelhaft von Nutzen sein werden.

8 Solarthermische Kraftwerke

Eine künftige Solarwasserstoff-Wirtschaft wird sich, wie wir gesehen haben, in erster Linie auf die Wasserelektrolyse stützen, die enorme Mengen elektrischer Energie verlangt. Hinzu kommt, daß eine solche Weltenergie-Konzeption teilweise durch Strom für den direkten Verbrauch unterstützt werden muß, der teils dezentral (Solarhäuser), teils zentral durch leistungsstarke Solarkraftwerke gewonnen wird. Diese Kraftwerke werden sich aus den im Voranstehenden genannten Gründen vor allem auf die Photovoltaik stützen. Solarkraftwerke dieses Typs werden jedoch auch durch solarthermische Kraftwerke unterstützt, die vor allem in südlichen Regionen installiert werden müssen.

Zusammenfassend kann man also sagen, daß die primäre elektrische Energie für die skizzierte Solarwasserstoff-Konzeption aus den folgenden Quellen stammen wird:

a) Hauptquellen:

- Photovoltaische Kraftwerke (Süd- und Nordregionen);
- Solarthermische Kraftwerke (Südregionen).

b) Nebenquellen:

- Solarhäuser (Süd- und Nordregionen);
- Wasserkraftwerke;
- Windenergie-Kraftwerke.

Eine weitere wichtige Ergänzung wird die passive Nutzung der Sonnenwärme sein. Dabei wird die Sonnenarchitektur an erster Stelle stehen.

Damit die Sonnenstrahlung als Wärmequelle genutzt werden kann, bedarf es einer Art Einfangseinrichtung oder „*Antenne*". Die Pflanzenwelt verwendet zu diesem Zweck grüne Blätter der unterschiedlichsten Gestalt. Die Verarbeitung der dort eingefangenen Sonnenstrahlung geschieht im Anschluß mit Hilfe der Photosynthese.

Die technische Nutzung der Sonnenstrahlung als Energiequelle erfordert naturgemäß andere Verfahren, die davon abhängen, welche Energieformen aus der Sonnenstrahlung gewonnen werden sollen. Für die Gewinnung von Wärmeenergie sind beispielsweise Sonnenkollektoren erforderlich, die in der Lage sind, die Sonnenstrahlung zu absorbieren.

Prinzipiell unterscheidet man zwei Arten solcher Vorrichtungen, nämlich konzentrierende Kollektoren und Flachkollektoren. Die ersteren arbeiten wie die Richtantennen der Nachrichtentechnik. Sie konzentrieren die empfangene Sonnenstrahlung auf eine verhältnismäßig kleine Fläche, wodurch hohe Strahlungsintensitäten und somit hohe Temperaturen erzielt werden können. Kollektoren dieser Art müssen der Sonne nachgeführt werden. Sie nutzen im übrigen allein die direkte Sonnen-einstrahlung. Flachkollektoren dagegen nutzen sowohl das direkte als auch das diffuse Sonnenlicht. Sie werden meistens als festinstallierte Einheiten, d.h. ohne Nachführung, eingesetzt.

Während Flachkollektoren für dezentrale Anwendungen eingesetzt werden, werden in solarthermischen Kraftwerken konzentrierende Sonnenkollektoren verwendet, wodurch Prozeßwärme einer Größenordnung von 500° C gewonnen werden kann. Bei dieser Art von Kraftwerken haben sich zwei Funktionsprinzipien herauskristallisiert, nämlich das Turm- und das Farmprinzip. Das erste solarthermische Kraftwerk, das übrigens von Professor Francia entwickelt wurde, stützt sich auf das Turmprinzip. Es besteht aus 120 kreisrunden Spiegeln von etwa 70 cm Durchmesser, die die Sonnenstrahlung auf einen Empfänger bündeln, der auf einem Dampfkessel an der Spitze eines Turmes in Gestalt eines Stahlgerüstes installiert ist (daher der Name *„Turmprinzip“)*. Das Funktionsprinzip eines solchen Kraftwerks veranschaulicht Bild 68. Darin reflektieren mehrere Heliostaten die Sonnenstrahlung an einen Empfänger, bei dem aufgrund der starken Lichtkonzentration hohe Temperaturen erzielt werden. Die so gewonnene Wärmeenergie wird anschließend mit Hilfe eines Transfermediums (z.B. flüssigen Natriums) in einen Speichertank geleitet und dazu genutzt, mit Hilfe eines Dampferzeugers Dampf zu produzieren. Der Dampf betreibt daraufhin eine Dampfmaschine, die einen Stromgenerator in

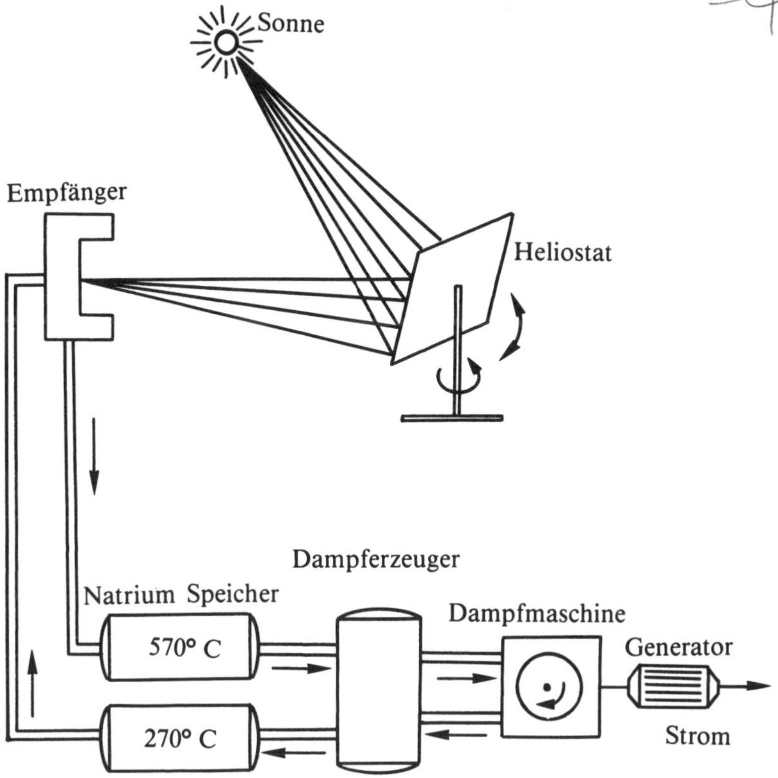

Bild 68: Funktionsprinzip eines solarthermischen Kraftwerks nach dem Turmprinzip.

Bewegung setzt, der elektrische Energie liefert. Das inzwischen abgekühlte Natrium wird anschließend an einen zweiten Speicher geleitet und zum Empfänger zurückgeführt, um erneut aufgeheizt zu werden.

Die auf diese Weise gewonnene Wärmeenergie kann naturgemäß auch für andere Umwandlungsprozesse (z.B. chemische Prozesse) verwendet werden. Auch kann das im Voranstehenden beschriebene Funktionsprinzip die unterschiedlichsten Variationen haben. Das Grundprinzip der Gewinnung von Wärmeenergie durch die Konzentration der Sonnenstrahlung bleibt jedoch stets das gleiche.

Das solarthermische Kraftwerk des Professor Francia galt anfänglich als Kuriosität, bis die Welt durch die Ölkrisen der 70er Jahre erschüttert wurde. Nunmehr wurde der Gedanke hochaktuell und dieses Kraftwerk ein begehrtes Schauobjekt. Die Franzosen rüsteten beispielsweise ihren *„Sonnenofen"* Odeilo in den Pyrenäen um und konnten bereits im Jahre 1976 mit Solarwärme, die eine Dampfturbine betrieb, eine Leistung von 64 kW erreichen. Die Amerikaner nahmen im gleichen Jahr im berühmt-berüchtigten Albuquerque, wo einst die erste Atombombe erprobt wurde, ein solarthermisches Kraftwerk in Betrieb, das aus einem 60 m hohen Turm und 76 großen, der Sonne automatisch nachgeführten Spiegeln bestand.

Wenige Jahre später (1981) konnte im Rahmen des ersten in Europa errichteten solarthermischen Kraftwerks EURELIOS eine 1 MW-Leistung erzielt werden. Dieses Solarkraftwerk befindet sich in Sizilien. Auf einem 55 m hohen Turm ist ein Empfänger mit einem Öffnungsdurchmesser von 4,5 m installiert, der von 182 zweiachsig nachgeführten Heliostaten (6200 m^2 Gesamtfläche) mit Sonnenstrahlung versorgt wird. Sie stammen teilweise aus Frankreich und teilweise aus Deutschland. In Ruhestellung sind sie gegen den Boden gerichtet, in Bereitschaftsstellung bündeln sie die Sonnenstrahlen auf einen Punkt, der ca. 10 m seitlich vom Empfänger liegt. Auf diese Position stellen sie sich - auch im Störfall - automatisch ein.

Die Wärmeleistung dieses Kraftwerks kann bis zu 5 MW erreichen. Sie dient dazu, im Empfänger, Prozeßwärme mit einer Temperatur von 510° C bei einem Druck von 64 bar zu erzeugen. Daraus entsteht Dampf, der eine 1 MW-Turbine antreibt. Eigner der 24 Mio. DM teuren Anlage ist die EG sowie die staatliche Elektrizitätsgesellschaft Italiens ENEL.

Im Jahre 1984 ist in den USA ein weiteres solarthermisches Kraftwerk nach dem Turmprinzip errichtet worden. Dieses Kraftwerk mit der Bezeichnung *„Solar-1"* liegt mitten in der Wüste in Barstow, Kalifornien, etwa 150 km nordöstlich von Los Angeles. Es besteht aus 1818 Heliostaten mit einer Fläche von je 40 m^2. Die Leistung dieses Kraftwerks beträgt 12 MW.

Bei nach dem Farmprinzip konzipierten solarthermischen Kraftwerken erfolgt die Sammlung und Konzentration der Sonnenstrahlung dezentral durch hintereinandergeschaltete Parabolspiegel-Kollektoren. Das entsprechende Funktionsprinzip veranschaulicht Bild 69. Darin werden mehrere Parabolspiegel verwendet, um das Wärmetransportmittel an Ort und Stelle zu erwärmen und auf diese Weise Wärmeenergie zu gewinnen. Als Energietransportmittel dient in der Regel Öl.

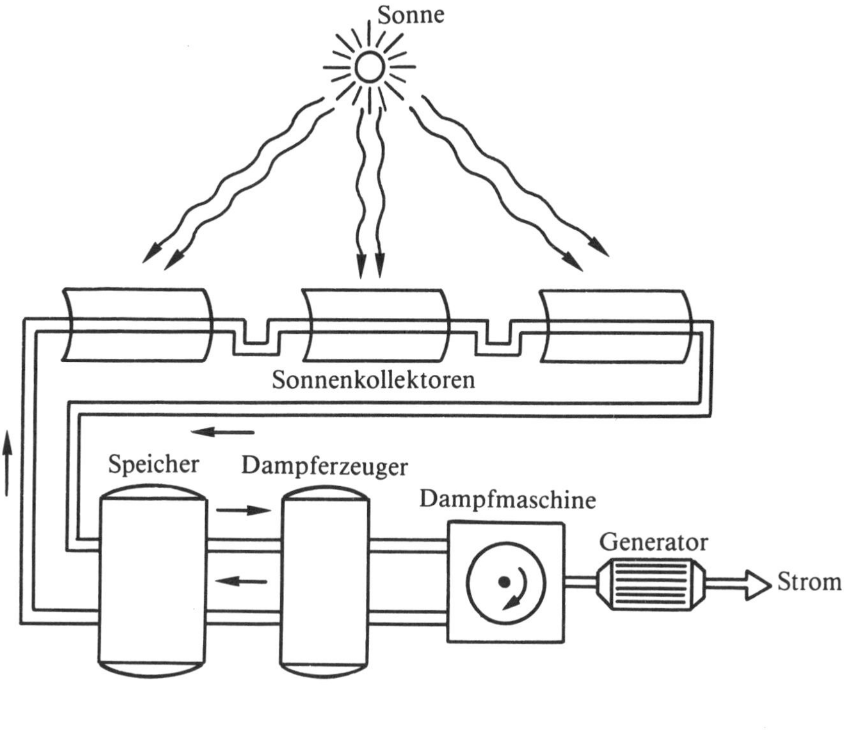

Bild 69: Solarthermisches Kraftwerk nach dem Farmprinzip.

Seit Mitte der 70er Jahre sind mehrere solarthermische Kraftwerke mittlerer Leistung nach diesem Funktionsprinzip errichtet worden (vgl. Tabelle 20).

Tabelle 20: Einige solarthermische Kraftwerke nach dem Farm- bzw. nach dem Turmprinzip, die weltweit bereits errichtet wurden.

	Anlage/Ort	Leistung	Herstellerland
1977	Madras (Indien) Phoenix (USA)	10 kW 67 kW	D USA
1978	Kairo (Ägypten) Seibersdorf (Österreich) Korsika (Frankreich)	10 kW 10 kW 300 kW	D A F
1979	Arizona (USA)	150 kW	USA
1980	Getafe (Spanien)	37 kW	D
1980	EURELIOS (Italien)	1 MW	I,D,F
1981	Almeria (Spanien)	500 kW	E,D,USA,B,I, CH,A,S,GR
1981	Almeria (Spanien)	517 kW	E,D,USA,B,I, CH,A,S,GR
1982	CESA-1, Almeria (Spanien) THEMIS 1, Targasonne (Frankreich) Niohama (Japan) SOLAR-1 (USA)	1 MW 2 MW 1 MW 10 MW	E F J USA
1984	Barstow (USA)	12 MW	USA

Das bisher größte nach diesem Prinzip arbeitende solarthermische Kraftwerk ist das SEGS-8 (Solar Electric Generating System), das seit Ende 1989 in der Mojave Wüste in Kalifornien betrieben wird. Es liefert 80 MWe und versorgt etwa 40000 Wohnungen rund um den Harpersee. Damit ist praktisch ein solarthermisches Kraftwerk errichtet worden, das leistungsmäßig mit einem kleinen Kohlekraftwerk vergleichbar ist. Bild 70 zeigt die rinnenförmigen Parabolspiegel, die für den Empfang der Sonnenstrahlung verwendet werden. Als Wärmetransportmittel wird Öl verwendet, das bis auf 400° C erhitzt wird. Das Öl gibt anschließend seine Wärmeenergie an einen konventionellen Wasserdampf-Kreislauf ab, in dem mit Hilfe eines Generators Strom erzeugt wird.

Bild 70: Rinnenförmige Parabolspiegel des 80 MWe solarthermischen Kraftwerks SEGS-8 in Kalifornien, das bereits Ende 1989 in Betrieb genommen wurde.

Dieses Kraftwerk wird auf privater Basis von der amerikanischen Firma Luz betrieben, die inzwischen auch weitere kleine Solarkraftwerke betreibt.

Mit der Inbetriebnahme dieses Kraftwerks stieg die Produktion von Solarstrom in Kalifornien auf 276 MWe (zum Vergleich: Die Leistung des Kernkraftwerks Brunsbüttel beträgt 770 MWe).

Im Rahmen einer künftigen Solarwasserstoff-Wirtschaft wird auf solarthermische Kraftwerke allein deswegen nicht verzichtet werden können, weil zum einen mit ihrer Hilfe Prozeßwärme gewonnen werden kann, die an Ort und Stelle für industrielle Zwecke zur Verfügung steht, zum anderen die Wärmeenergie im Gegensatz zur elektrischen Energie problemlos und mit geringen Verlusten gespeichert werden kann. Dies bietet unter anderem den Vorteil, daß über einen dampfgetriebenen Generator auch während der Nachtstunden Strom erzeugt werden kann, was mit Hilfe der Photovoltaik ausgeschlossen ist. Dieser Strom kann

Bild 71: Die beiden solarthermischen Kraftwerke in Almeria, Spanien.

anschließend über Gleichstromfernleitungen von der Produktionsstätte (z.B. Südregionen) nach Europa übertragen werden, was preiswerter ist als der Transport von z.B. verflüssigtem Solarwasserstoff. Hinzu kommt die relativ einfache technische Ausstattung solarthermischer Kraftwerke, die daher kurzfristig realisierbar sind. Schließlich weisen viele ihrer Baugruppen bereits heute einen hohen Entwicklungsstand auf, so daß sie in kurzer Frist weiterentwickelt und den spezifischen Bedingungen einer Solarwasserstoff-Wirtschaft angepaßt werden können.

Einige dieser Baugruppen, beispielsweise komplette Dampfkraftteile, Wärmespeicher und Wärmekreislaufsysteme, können unmittelbar aus der bereits vorhandenen Technologie übernommen werden. Lediglich für die erforderlichen Heliostaten müssen neue Produktionsstätten errichtet werden. Thermische Solarkraftwerke weisen deswegen sowohl kurze Entwicklungs- als auch kurze Vorbereitungszeiten auf.

Der bisherige Betrieb solarthermischer Kraftwerke hat gezeigt, daß solche Anlagen, der theoretischen Erwartung entsprechend, für Südregionen besser geeignet sind als für Nordregionen. Aus diesem Grunde ist es denkbar, daß im Rahmen einer vernünftigen Solarwasserstoff-Wirtschaft die Landschaft im Süden durch thermische, im Norden durch photovoltaische Solarkraftwerke geprägt sein wird.

Auch die Entscheidung zwischen Turm- und Farmprinzip scheint hinreichend geklärt zu sein. Das Turmprinzip ist für mittlere Kraftwerke bis zu etwa 30 MW vorteilhaft. Größere Leistungen verlangen zu viele Heliostaten, wodurch der Abstand zwischen dem Empfänger und den entferntesten Heliostaten sehr groß wird. Für große Leistungen bietet dagegen das Farmprinzip die günstigere Lösung. Das bereits genannte SEGS-8 MWe Solarkraftwerk stützt sich daher auf dieses Prinzip.

9 Solarhäuser

Im Rahmen einer künftigen Solarwasserstoff-Wirtschaft werden auch Solarhäuser, welche die Sonnenenergie sowohl aktiv als auch passiv nutzen, eine wichtige Rolle spielen. Dabei werden solche Häuser die unterschiedlichsten Varianten aufweisen. Will man bei den gegenwärtigen Bedingungen die Konzeption künftiger Solarhäuser bestimmen, so kann es leicht zu Fehleinschätzungen kommen. Dennoch lassen sich bereits heute gewisse Tendenzen erkennen, die die folgende Klassifizierung künftiger Solarhäuser als realistisch erscheinen lassen:

- hundertprozentige Stromversorgung durch Photovoltaik;
- hundertprozentige Strom- und Wärmeversorgung durch Photovoltaik und Wärmekollektoren;
- hundertprozentige Stromversorgung durch Windenergie;
- hundertprozentige Strom- und Wärmeversorgung durch Windenergie und Wärmekollektoren;
- hundertprozentige Energieversorgung durch Strom und Solarwasserstoff, wobei der benötigte Strom mit Hilfe der Photovoltaik oder der Windenergie erzeugt wird;
- hundertprozentige Energieversorgung durch Strom und Wärmekollektoren, wobei der benötigte Strom mit Hilfe der Photovoltaik, der Windenergie oder der Wasserkraft erzeugt wird.

Unabhängig von der genannten Klassifizierung bleibt als oberstes Ziel, das energieautarke Haus, dessen Energiebedarf hundertprozentig aus der Sonnenenergie gedeckt wird. Und dazu zählt auch das autarke Solarwasserstoffhaus.

Der Gedanke, autarke Solarwasserstoffhäuser zu bauen, ist eigentlich nicht neu. Bereits in den 30er Jahren wurde ein solches Haus entworfen. Seine Realisierung erfolgte jedoch erst in den 70er Jahren. Dabei handelt es sich um ein Haus, das mit Hilfe eines Elektrolyseurs Wasserstoff gewinnt, der als Energieträger sowohl direkt genutzt als auch zum späteren Verbrauch in einem Hybridspeicher gespeichert werden kann. Für die Wasserspaltung wurde ein Elektrolyseur eingesetzt, der den erzeugten Wasserstoff mit einem Druck von bis zu 30 bar in das hauseigene Leitungssystem speist, von dem alle Hausgeräte (Herd, Ofen, Grill, Heizungsbrenner usw.) versorgt werden. Dieses Haus enthält überdies Solarkollektoren, die für Warmwasser sorgen. Dieses Experiment konnte inzwischen praxisnah erweisen, daß die Realisierung solcher Solarhäuser heutzutage kein technologisches Problem mehr darstellt. In wirtschaftlicher Hinsicht bleiben sie jedoch einstweilen ein teures Unterfangen, das sich kein Hausbesitzer ohne staatliche Subvention leisten kann.

Mitte der 80er Jahre konzipierte und realisierte der Schwede Olaf Tegström ein ähnliches Solarwasserstoffhaus. Die für den Betrieb des Elektrolyseurs erforderliche elektrische Energie wird von einem 55 kW-Windgenerator geliefert, wobei der überschüssige Strom an das öffentliche Netz abgegeben wird. Der gewonnene Wasserstoff wird in einem Hybridspeicher mit einer Kapazität von 40 m^3 gespeichert. Als Wasserstoffverbraucher dienen lediglich ein Herd und ein wasserstoffbetriebener Pkw, doch ist der Anschluß weiterer Wasserstoffverbraucher möglich.

Das derzeit interessanteste und vielversprechendste Solarhausprojekt stellt das energieautarke Solarhaus von ISE (Institut für Solare Energiesysteme) dar. Dabei handelt es sich um ein seit 1989 laufendes Projekt, das sich das Ziel setzt zu erweisen, daß auch unter hiesigen Klimabedingungen die hundertprozentige Energieversorgung eines Hauses aus Sonnenenergie möglich ist. Das Forschungsprogramm soll bis 1996 fortgeführt werden und wird vom Bundesministerium für Forschung und Technologie mit 5,8 Mio. DM gefördert. Weitere 0,5 Mio. DM jährlich steuert das Ministerium für Wirtschaft, Mittelstand und Technologie des Landes Baden-Württemberg bei. Die Stadt Freiburg, in der das Haus entsteht, hat langfristig und zu günstigen Bedingungen ein dafür geeignetes Grundstück (Christaweg, Freiburg-Süd) zur Verfügung gestellt. Die Fraunhofer-Gesellschaft trägt als Bauherr die Kosten für den mit 0,6 Mio. DM veranschlagten konventionellen Teil des Hauses. Überdies wird das Projekt von mehreren Privatfirmen unterstützt.

Bei dem ISE-Haus handelt es sich nicht um ein konventionell errichtetes Gebäude, das mit Solarenergie versorgt wird. Es werden vielmehr von vorneherein architektonische Maßnahmen ergriffen, die den Heizungsbedarf auf ein Minimum reduzieren. Überdies wird das Haus mit energiesparenden Haushaltsgeräten ausgestattet, was eine weitere Reduzierung des Energiebedarfs erbringt. Der solchermaßen reduzierte Energiebedarf wird anschließend durch ein ausgeklügeltes autarkes Solarenergiesystem gedeckt, das eine Mischung aus Photovoltaik, Solarwasserstoff und Solarkollektoren darstellt.

Mit Hilfe eines Simulationsprogramms namens HAUSSIM und unter Berücksichtigung unterschiedlicher physikalischer und architektonischer Gesichtspunkte wurde zunächst die Form des Gebäudes optimiert. Der Einsatz transparenter Wärmedämmungselemente (TWD-Elemente) führt dazu, daß ganz andere Maßnahmen zur Reduzierung des Heizenergiebedarfs als im Falle opaker Wärmedämmung erforderlich sind. Bei der Anwendung von TWD-Elementen ist man nämlich darauf bedacht, die Außenwandflächen des Gebäudes nicht zu minimieren, um den Heizenergiebedarf zu senken, sondern zu maximieren, um auf diese Weise Energie aus Sonnenwärme zu gewinnen. Dabei spielt die Orientierung der TWD-Elemente eine wichtige Rolle.

Als Ergebnis des genannten Simulationsprogramms ergab sich ein südorientiertes Kreissegment (vgl. Bild 72).

Die theoretischen Berechnungen des thermischen Gebäudeverhaltens gehen davon aus, daß das Haus durch Öffnen der Fenster (ab 24° C) konventionell belüftet wird. Der Luftwechsel verhindert also, daß die Innenraumtemperatur 24° C übersteigt. Mit sinkender Innentemperatur übernimmt das Lüftungssystem die Be- und Entlüftung. Der Heizfall tritt ein wenn die Lufttemperatur auf 18° C sinkt. Im Gegensatz zu Gebäuden mit opaker Wärmedämmung wird also hier das Lüftungssystem nur vier Monate jährlich beansprucht. Der für den Betrieb notwendige Energiebedarf ist auf diese Weise reduziert.

Die eigentliche Heizperiode ist kürzer als ein Monat. Der Heizenergiebedarf, der sich bei einem Haus mit opaker Wärmedämmung auf ca. 3500 kWh beläuft, wird so auf nur etwa 400 kWh jährlich reduziert. Es wur-

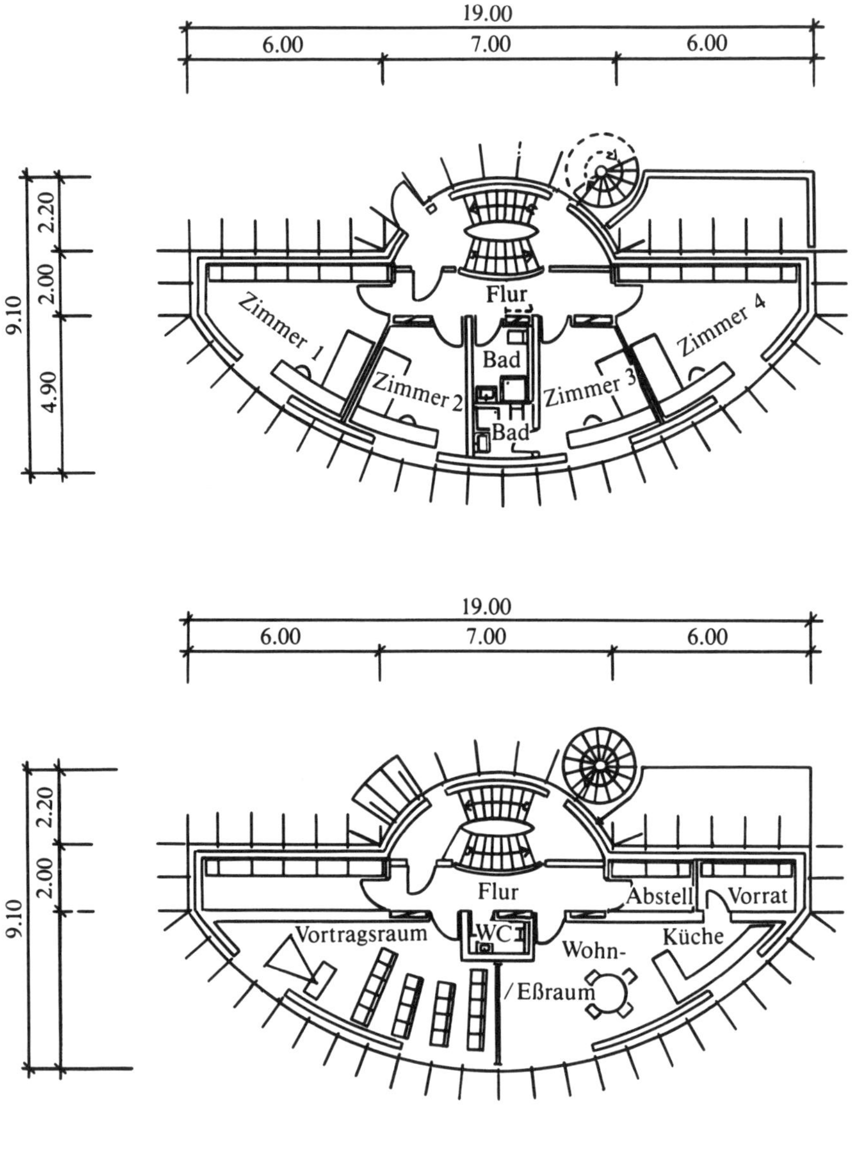

Bild 72: Form des energieautarken Solarhauses von ISE. (Zeichnungen: ISE)

de mit anderen Worten ein erstaunliches Sparverhältnis von 3500/400 ≈ 9 erreicht.

Durch den Einsatz energiesparender Haushaltsgeräte wird eine weitere Reduzierung des Energiebedarfs erzielt. Auf diese Weise kann der Jahresbedarf des Durchschnittsbürgers von 3270 kWh auf nur 699 kWh herabgesetzt werden (vgl. auch Tabelle 21). Bild 73 zeigt das Energieversorgungssystem des besprochenen Solarhauses. Der Solargenerator besteht aus 40 m^2-Solarzellen und ist mit einem Neigungswinkel von 45°

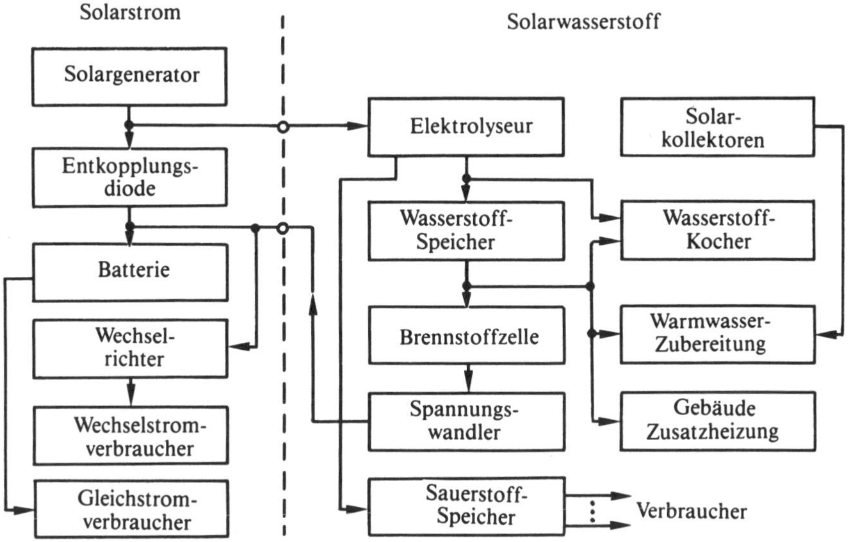

Bild 73: Blockdiagramm der Energieversorgung des energieautarken Solarhauses von ISE.

in südlicher Orientierung auf dem Dach des Hauses montiert. Als Kurzzeitenergiespeicher dient eine Bleibatterie mit einer Speicherkapazität von 10 kWh, als Langzeitenergiespeicher ein Solarwasserstoffsystem. Dieses System besteht aus einem Druckelektrolyseur (Leistung: 900 W; Wirkungsgrad: 83%), einer Brennstoffzelle (Leistung: 600 W;

Wirkungsgrad 51%), einem Wasserstofftank (Kapazität: 420 kWh äquivalent; Volumen: 4 m^3; Druck: 30 bar), einem Spannungswandler, der die Spannung der Brennstoffzellen so umwandelt, daß die erforderliche Spannung von 48 Volt gewonnen wird, sowie einem katalytischen Wasserstoffkocher (Leistung: 2 kWh; Wirkungsgrad: 95%).

Tabelle 21: Jährlicher Stromverbrauch des ISE-Solarhauses gegenüber dem Durchschnittsverbrauch (4-Personen-Haushalt).

	Energieautarkes Solarhaus (kWh/a)	Bundesdeutscher Durchschnitt (kWh/a)
Beleuchtung	88	380
Kühlschrank	110	530
Gefriertruhe	110	780
Waschmaschine	146	380
Spülmaschine	62	380
Fernseher	28	220
Kleingeräte	155	600
Summe	699	3270

Die Auslegung des gesamten Energiespeichers wurde im ersten Projektabschnitt mit den Einstrahlungsdaten von Freiburg und den Verbrauchsdaten eines Haushalts durch Simulationsrechnungen ermittelt. Als Wirkungsgradwerte für die einzelnen Energieumwandler wurden, soweit bekannt, Werte kommerzieller Geräte eingesetzt. Der Bedarf des Haushalts an Hochtemperaturwärme zum Kochen und an elektrischer Energie soll durch den genannten Hybridspeicher (Wasserstoff und Batterie) gedeckt werden.

Der Elektrolyseur besteht aus einem 27-zelligen Elektrolysemodul, in dem mit einem Wirkungsgrad von 83% bei der Nennspannung von 48 V aus Solarstrom Wasserstoff und Sauerstoff gewonnen wird. Zur

Peripherie des Druckelektrolyseurs gehören eine Druckpumpe, die das durch Elektrolyse verbrauchte Wasser nachliefert, eine Niveauregelung, die zur Gasausbringung und Trennung der Gasräume von Wasserstoff und Sauerstoff dient, sowie Nebenfilter, die die Gase weitgehend von Elektrolysenebeln reinigen. Für diese Funktionen sind verschiedene Sensoren und Magnetventile vorgesehen, die mit Hilfsenergie versorgt werden.

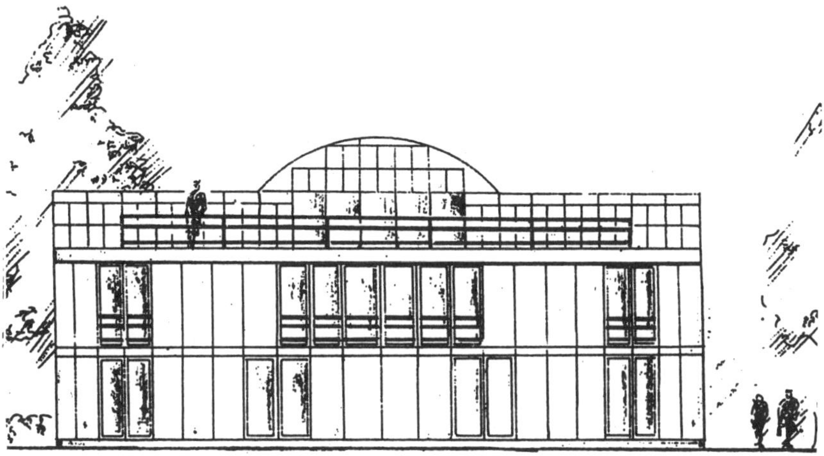

Bild 74: Südfassade des energieautarken Solarhauses von ISE. (Zeichnung: ISE)

Der katalytische Kocher ist nicht kommerziell erhältlich und muß daher eigens entwickelt werden. Die Verbrennung von Wasserstoff erfolgt hier ohne Flamme an einer edelmetallhaltigen Katalysatormatte. Die erreichbaren Temperaturen liegen bei 200° C bis 250° C. Zur Realisierung einer 1 kW-Kochstelle ist eine 770 cm^2-Katalysatorfläche erforderlich, die durch eine Rippenstruktur unter der Heizplatte oder durch die Ummantelung des Kochtopfes realisiert werden kann.

Ein Prozeßleitsystem mit integrierter Meßdatenerfassung steuert und überwacht die gesamte Anlage. Eine zusätzliche Batterie (Sicherheitsbatterie) gewährleistet die Stromversorgung für das Prozeßleitsystem. Diese und weitere Komponenten der Gesamtanlage wie Pumpen, Ventilatoren, Ventile usw. werden direkt mit Gleichspannung versorgt. Hierfür werden 1100 kWh pro Jahr veranschlagt. Für die energiesparenden Wechselstromgeräte ist eine Energiemenge von 700 kWh jährlich eingerechnet. Geschirrspülmaschine und Waschmaschine werden über die Sonnenkollektoranlage mit Warmwasser versorgt. Dadurch wird der Stromverbrauch dieser Geräte erheblich reduziert. Hochtemperaturwärme zum Kochen wird katalytisch direkt über Wasserstoff und Sauerstoff erzeugt. Auch für diesen Zweck sind 700 kWh jährlich veranschlagt.

Für die Simulation mußten Modelle vieler Komponenten entwickelt werden: Der Elektrolyseur, die Brennstoffzelle, die Gasspeicher, die MPP-Schaltung einschließlich des Wechselrichters, der katalytische Heizer sowie die zentrale Steuerung. Tabelle 22 zeigt die gesamte Energiebilanz des Projektes. Solargeneratoren, TWD-System und Sonnenkollektoren liefern also zusammen 12 000 kWh jährlich. Der größte Teil davon wird für die Heizung verbraucht. Der Betrag von 300 kWh für die Zusatzheizung kommt dadurch zustande, daß es im Laufe des Jahres eine kurze Zeitspanne gibt, in der der Heizenergiebedarf nicht unmittelbar aus dem Energiesystem des Hauses direkt gedeckt werden kann.

Tabelle 22: Gesamtenergiebilanz des ISE-Solarhauses.

Gerät	Energie (kWh / a)
Solargenerator	5000
TWD-System	3000
Sonnenkollektoren	4000
Wechselstromverbraucher	700
Gleichstromverbraucher	1100
Hochtemperaturwärme zum Kochen	700
Zusatzenergie Warmwasser	230
Zusatzenergie Heizung	300
Zirkulationspumpe im Kollektorkreis	60
Ventilatoren im Lüftungssystem	60

Das ISE-Solarhaus wird durch weitere umweltfreundliche Merkmale geprägt sein. So wird beispielsweise auf FCKW-Produkte verzichtet. Bei der Wärmedämmung werden natürliche Dämmstoffe verwendet. Als Wassersparmaßnahme wird Regenwasser aus dem Dach für WC und Waschmaschine benutzt. Die Projektziele sind also ebenso vielschichtig wie vielversprechend. Es bleibt zu hoffen, daß diese Ziele bald erreicht werden und daß dieses Solarhaus, das als Demonstrationsobjekt für die breite Öffentlichkeit gedacht ist, bald zahlreiche Nachahmer finden werde.

So entstand das Universum
Der Urknall und seine Folgen

ca. 180 S., 47 Abb.
ISBN 3-922238-88-2

Der Wunsch des Menschen das Universum zu begreifen, d.h. der Weltentstehung auf die Spur zu kommen, scheint in Erfüllung zu gehen. Die *„Weltformel"*, die die Entstehung der Welt im Rahmen einer einheitlichen Feldtheorie beschreiben soll, steht kurz vor ihrer Vollendung. Wissenschaft und Religion werden aber dadurch kaum in Konflikt geraten. Wolle man sich hier eine Hierarchie vorstellen, so begänne sie mit dem Schöpfer und verliefe über die Symmetrie zur Urenergie in Form einer Urkraft, die den heute beobachteten Kosmos zu erschaffen vermochte.

Einstein für Genießer

108 S., 41 Abb.
ISBN 3-922238-70-X

Das vorliegende Buch, das vierte in der Reihe „Populäre Naturwissenschaft", kann als Fortsetzung der Bücher „Einstein für Anfänger" und „Einstein und der Kosmos" betrachtet werden.
Spezielle und allgemeine Relativitätstheorie werden hier leicht verständlich, jedoch anspruchsvoll behandelt.

Albert EINSTEIN
Mythos und Realität
165 S., 10 Abb.
ISBN 3-922238-87-4
Von Einsteins Name geht noch heute, vier Jahrzehnte nach seinem Tod, eine Faszination aus, der sich kaum ein Mensch entziehen kann.
Wer ist dieser Mann und was hat er geleistet, daß die Bewunderung seiner Anhänger beinahe einer Vergötterung gleichkommt?
Das vorliegende Buch berichtet über Leben und Werk dieses Mannes in einer Form, die auch den Laien anspricht. Dabei sind nicht nur Einsteins Relativitätstheorien (die spezielle und die allgemeine) allgemeinverständlich erläutert, sondern auch die Wege nachgezeichnet, die zu diesen großartigen Leistungen menschlichen Denkens geführt haben.

Einstein für Anfänger

3. Auflage, 115 S., 41 Abb.
ISBN 3-922238-35-1

Das vorliegende Buch sucht durch seine leicht verständliche Darstellung vom Leben und Werk Albert Einsteins den Schlüssel zum Verständnis des durch seine Entdeckungen grundlegend veränderten physikalischen Weltbildes zu geben.

10 Das Solarwasserstoff-Projekt Neunburg vorm Wald

Das Jahr 1991 stellt zumindest auf nationaler Ebene einen wichtigen Meilenstein in der Geschichte der solaren Wasserstoffgewinnung dar, da in diesem Jahr termingerecht das erste rein deutsche Solarwasserstoff-Projekt in Neunburg vorm Wald abgeschlossen wurde. In der dort installierten Anlage kann nun unter hiesigen Klimabedingungen Solarwasserstoff durch Wasserelektrolyse gewonnen werden.

Die Idee dieses Projekts geht auf das Jahr 1985 zurück. Ein Jahr später gründete das Bayernwerk zur Durchführung des Vorhabens zunächst als alleiniger Gesellschafter die Solar-Wasserstoff-Bayern GmbH (SWB GmbH). Ende 1986 stand bereits das Grundkonzept dieses Projekts fest. Der Trägergesellschaft traten anschließend vier weitere Projektpartner bei: BMW, Linde, MBB und Siemens, die heute mit einem Gesellschafteranteil von je 10 % beteiligt sind (vgl. Bild 75).

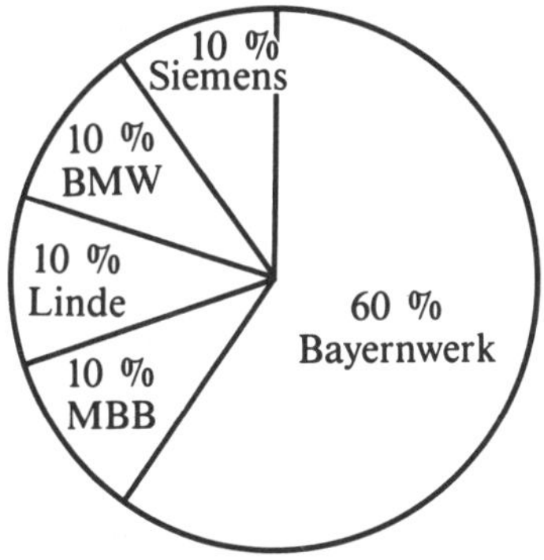

Bild 75: Gesellschafter der Solarwasserstoff-Bayern (SWB) GmbH.

Auf der Suche nach einem geeigneten Standort für das Projekt wurde nach langen Überlegungen Neunburg vorm Wald in der Oberpfalz gewählt. Dafür sprachen die folgenden Gründe: Die Sonnenscheinstunden in der betreffenden Region liegen bei ca. 1700 jährlich. Somit ist diese Gegend für mitteleuropäische Klimaverhältnisse repräsentativ. Überdies verfügt der Standort über eine gute Infrastruktur und ist von allen Richtungen weitgehend durch Autobahnverbindungen erreichbar. Auch die Entfernung von München ist mit ca. 150 km relativ günstig. Die Region ist überdies als Grenzzone förderungsfähig, was vor allem steuerlich zu Buche schlägt. Günstige Beschaffungskosten beim Erwerb der benötigten Landfläche spielten ebenfalls keine untergeordnete Rolle.

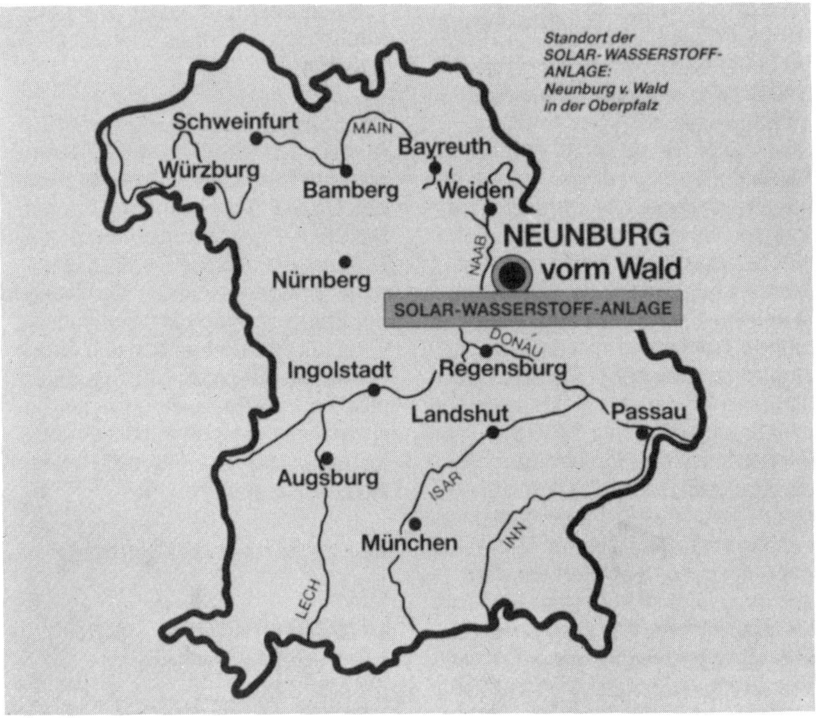

Bild 76: Standort der Solarwasserstoffanlage in Neunburg vorm Wald.

Bild 76 zeigt den Standort der Anlage anhand einer Karte Bayerns. Die Ortschaft liegt wenige km von den Städten Regensburg und Weiden entfernt. Die Autobahn Regensburg-Weiden verläuft dicht an dem Standort der Anlage vorbei, so daß nur wenige Kilometer Landstraße zu überwinden sind, um Neunburg vorm Wald zu erreichen.

Die Anlage liegt auf einer um 10 % nach Süden geneigten Fläche von ca. 50 000 m^2. Der Ankauf einer weiteren Fläche von 30 000 m^2 für eine spätere Erweiterung des Vorhabens ist vertraglich gesichert.

Bild 77 zeigt das Blockdiagramm der Gesamtanlage. Aus einem Solargenerator, der durch die Sonneneinstrahlung angeregt wird, entsteht elektrische Energie, die durch einen Stromwandler in Wechselstrom umgewandelt wird, um anschließend in das Stromnetz eingespeist zu werden. Somit kann die elektrische Energie direkt dem Verbraucher zur Verfügung gestellt werden.

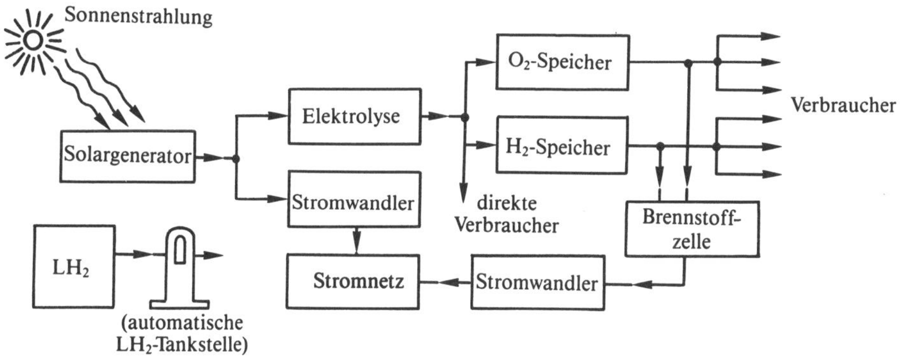

Bild 77: Blockschaltbild der Solarwasserstoffanlage in Neunburg vorm Wald.

Gleichzeitig kann jedoch der Gleichstrom für die Wasserelektrolyse benutzt werden, wodurch Wasserstoff und Sauerstoff gewonnen werden. Während der Wasserstoff in einem H_2-Speichertank gespeichert wird, wird ein Teil des Sauerstoffs in einem O-Speichertank gespeichert. Der Rest wird einfach in die Atmosphäre freigesetzt. Aus den gespeicherten Gasen Wasserstoff und Sauerstoff wird Wärme (Heizkessel) oder Gleichstrom (Brennstoffzellen) erzeugt. Damit kann aus gespeicherter Sonnenenergie in Form von Solarwasserstoff elektrische Energie auch während einer Zeit gewonnen werden, in der die Sonne nicht scheint.

Ein Novum des Projekts ist die automatische Wasserstoff-Tankstelle, die allerdings mit geliefertem flüssigen Wasserstoff (LH_2) versorgt wird. Die Besonderheit dieser Tankstelle besteht darin, daß sie die automatische Betankung von Fahrzeugen durch einen Roboter vorsieht. Daß der flüssige Wasserstoff von außen geliefert wird und nicht an Ort und Stelle erzeugter Wasserstoff benutzt wird, hängt damit zusammen, daß die Kosten für eine Verflüssigungsanlage sehr hoch sind und nicht repräsentativ für das Gesamtprojekt wären.

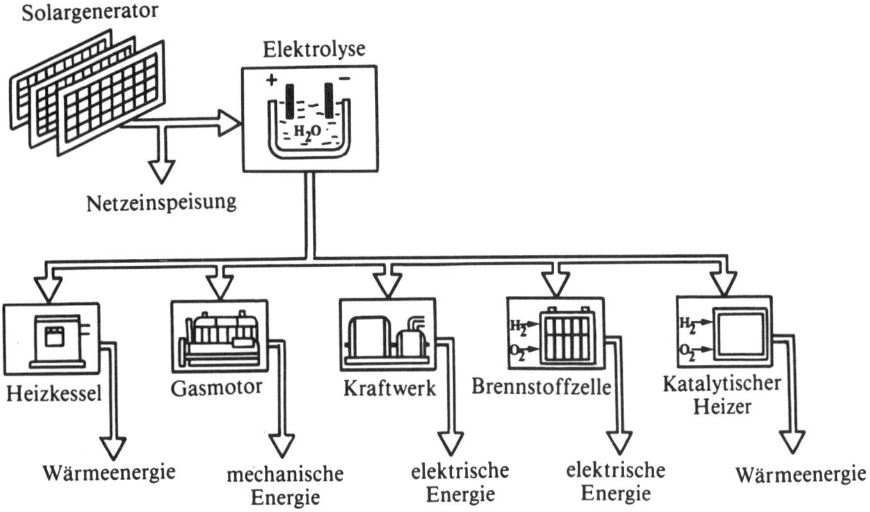

Bild 78: Solarwasserstoff als Energieträger und seine Anwendungen im Rahmen des SWB-Projekts.

Bild 78 zeigt die geplanten Aktivitäten im Rahmen des direkten Einsatzes von Solarwasserstoff für die verschiedensten Anwendungen. Bild 79 zeigt den Entwicklungsstand des Projekts nach Abschluß der Phase 1 (1991). Die Gesamtanlage besteht aus zwei Photovoltaikfeldern (eines der Firma Siemens und eines der Firma TST), dem Betriebsgebäude, den Mehrzweckgebäuden (darunter dem Informationszentrum), dem Gaslager, der Flüssigwasserstoff-Tankstelle sowie der Umspannstation. Bild 80 zeigt im Modell das Aussehen der Anlage nach Abschluß der Phase 2 (ab 1992/3). Darin besteht die Anlage aus den folgenden Einheiten:

Bild 79: Die bereits fertiggestellte Anlage des Solarwasserstoff-Projekts in Neunburg vorm Wald. (Foto: Bayernwerk AG)

1. Photovoltaik-(PV-)Feld (Siemens Solar GmbH);
2. PV-Feld (TST);
3. PV-Feld (Projekt-Folgephase);
4. PV-Feld (Projekt-Folgephase);

5. einachsig nachgeführte PV-Systeme mit Booster-Spiegeln (Projekt-Folgephase);
6. Betriebsgebäude (Standort u.a. von Elektro-/Verfahrenstechnik, Warte, Kleinwerkstätten);
7. Mehrzweckgebäude (u.a. Informationszentrum);
8. Gaselager (Sauerstoff, Stickstoff, Wasserstoff);
9. Flüssigwasserstoff- (LH_2-)Tankstelle;
10. Umspannstation (20 kV-Mittelspannungsanschluß).

Bild 80: Modell der Solarwasserstoffanlage Neunburg vorm Wald nach Abschluß der Phase 2. (Foto: Bayernwerk AG)

Für die Wasserspaltung sind bisher zwei Elektrolyseverfahren eingesetzt worden. Das eine stützt sich auf die fortgeschrittene alkalische Elektrolyse, das zweite auf die Membran-Elektrolyse (Festelektrolyt). Dabei wird ein Druckelektrolyseur mit einem Druck von ca. 30 bar verwendet.

Tabelle 23 zeigt die Hauptkenndaten der Gesamtanlage, Tabelle 24 die Hauptkenndaten der beiden derzeit in Betrieb befindlichen Elektrolyseure.

Tabelle 23: Hauptkenndaten des Solarwasserstoff-Projektes Neunburg vorm Wald (1. Phase).

Solargeneratoren	ca. 430 kWp
Elektrolyseure	210 kWe ≙ 48 m^3/h Wasserstoff
Gasspeicher	5000 m^3 Wasserstoff 300 m^3 Sauerstoff
Brennstoffzellen	108 kWe
katalytische Heizer	4 kW
Gasheizkessel	40 kW
LH_2-Tankstelle	

Tabelle 24: Hauptkenndaten der beiden Elektrolyseure des Solarwasserstoff-Projektes in Neunburg vorm Wald.

Prinzip	Fortgeschrittene alkalische Elektrolyse	Membran-Elektrolyse (Festelektrolyt)
Hersteller	Krebskosmo	ABB
Arbeitsmedium	Wäßrige Kalilauge	Wasser
Arbeitstemperatur	max. 90° C	80° C
Gasüberdruck	80 - 100 mbar	0,3 - 1,5 bar
Leistungsbereich	6 - 111 kWe	7,5 - 100 kWe
Energieverbrauch	$< 4{,}3$ kWh/m^3H_2	$< 4{,}3$ kWh/m^3H_2
Wirkungsgrad	> 83 %	> 83 %

Das wissenschaftliche Meßprogramm soll eine detaillierte technische und energiewirtschaftliche Beurteilung der derzeitigen Solarwasserstofftechnik einschließlich der damit verbundenen Anlagen-Teilsysteme ermöglichen. Dies schließt - soweit als möglich - Technologievergleiche ein. Die Versuchsergebnisse sollen Beurteilungskriterien für die Möglichkeiten einer künftigen großtechnischen Nutzung von Solarenergie in Verbindung mit Wasserstoff als speicherbarem Energieträger schaffen.

Bild 81: Blick auf das Gelände der Solarwasserstoffanlage Neunburg vorm Wald. Vorne: Gerüst für die geplante Flüssigwasserstoff-Tankstelle.
(Foto: Bayernwerk AG)

Neben Photovoltaik und Wasserelektrolyse sind die folgenden Untersuchungsschwerpunkte geplant:

Einsatzmöglichkeiten von Brennstoffzellen zur stationären und mobilen Erzeugung elektrischer Energie sowie verschiedene Verbrennungstechniken für Heizzwecke. Von den jeweiligen Versuchsergebnissen werden höchstwahrscheinlich Anstöße für weitere Vorhaben ähnlicher Art ausgehen.

Die Gesamtkosten des Projektes für die 1. Phase (Dez. 1991) beliefen sich auf ca. 70 Mio. DM. Etwa 40 % davon zahlte der Freistaat Bayern, den Rest die genannten Gesellschafter.

Bild 82: Der Solargenerator der Solarwasserstoffanlage Neunburg vorm Wald (Teilansicht). (Foto: Bayernwerk AG)

11 Das HYSOLAR-Projekt

Was mit dem SWB-Projekt auf nationaler Ebene verfolgt wird, wird mit dem HYSOLAR-Projekt auf internationaler Ebene unternommen. Auch dieses Projekt setzt sich das Ziel, Erkenntnisse für die Etablierung einer künftigen Solarwasserstoff-Wirtschaft zu gewinnen. Dabei handelt es sich um ein deutsch-saudiarabisches Forschungs-, Entwicklungs- und Demonstrationsprogramm, das die Durchführung mehrjähriger Aktivitäten in Saudi-Arabien wie in der Bundesrepublik Deutschland vorsieht. Diese Aktivitäten werden von den folgenden Instituten getragen:

- Deutsche Luft- und Raumfahrtforschungsanstalt (DLR);
- Universität Stuttgart;
- King Abdulaziz City for Science and Technology (KACST);
- King Saud University (KSU);
- King Abdulaziz University (KAAU);
- King Fahd University of Petroleum and Minerals (KFUPM).

Im Rahmen dieses Projekts sind seit langem die folgenden Photovoltaik-Anlagen installiert:

- 350 kW-Photovoltaik-Anlage im Riad-Solardorf;
  (verantwortlich: KACST)
- 10 kW-Photovoltaik-Anlage in Stuttgart;
  (verantwortlich: DLR)
- 2 kW-Photovoltaik-Anlage in Djidda.
  (verantwortlich: KAAU)

Überdies läuft im Rahmen dieses Projekts ein Forschungsprogramm mit den folgenden Schwerpunkten:

a) Grundlagenforschung

Das Grundlagenforschungsprogramm gliedert sich in die folgenden drei Bereiche:

- Wasserspaltung mit Hilfe photoelektrochemischer und photokatalytischer Verfahren an Halbleiter/Elektrolyt-Grenzflächen;
- Entwicklung von Elektrokatalysatoren für die fortschrittliche alkalische Elektrolyse;
- Untersuchung grundlegender Mechanismen und Katalyse bei Reaktionen an Gasdiffusionselektroden in Brennstoffzellen.

b) Systemstudien und Wasserstoffnutzung

Im Rahmen dieses Teilprogramms werden neue Möglichkeiten der Gewinnung von Solarwasserstoff sowie Möglichkeiten des Handels mit dem Energieträger *„Wasserstoff“* auf internationaler Ebene untersucht. Das Programm umfaßt überdies Wasserstoff-Nutzungstechnologien und Kompatibilitätsuntersuchungen.

c) Ausbildungsprogramm

Die Nutzung von Wasserstoff bzw. Solarwasserstoff als Energieträger setzt naturgemäß qualifiziertes Personal voraus, das vor allem in Saudi-Arabien derzeit fehlt. Um eine erfolgreiche Zusammenarbeit zu ermöglichen, werden Vortragsreihen, Diskussionen usw. veranstaltet, an denen deutsche und saudiarabische Wissenschaftler und Ingenieure teilnehmen. Mehrere derartige Veranstaltungen haben bereits stattgefungen. Ein gegenseitiger Austausch von wissenschaftlichem Personal ist ebenso vorgesehen wie die Schulung von Technikern und Studenten.

Die hierfür nötige Anlage ist seit 1989 in Betrieb. Sie umfaßt u.a. Geräte für die Kompression und Speicherung des gewonnenen Wasserstoffs.

Die 350 kW-Photovoltaik-Anlage

Diese Anlage befindet sich im etwa 50 km nordwestlich von Saudiarabiens Hauptstadt Riad gelegenen *„Solardorf“*. Sie ist seit 1981 in Betrieb und wird von der KACST betreut. Ursprünglich arbeitete sie als Hybridanlage in Verbindung mit einem Dieselgenerator und einer Batterie mit dem Zweck, den dezentralen Einsatz derartiger Solaranlagen zu demonstrieren. Heute liefert sie mit einem Gesamtwirkungsgrad von 8 % Strom für die Wasserelektrolyse. Die Anlage besteht aus 160 zweiachsig nachführbaren Tischen bzw. Hauptmodulen (vgl. Bild 83). Jeder Tisch besteht aus 64 Modulen, die aus 4 Solarzellen zusammengesetzt sind. Die Gesamtfläche beträgt 3947,5 m^2.

Bild 83: Zweiachsig nachführbares Hauptmodul (Tisch) der 350 kW-Photovoltaikanlage in Riad. (Foto: DLR)

Unter den an Ort und Stelle herrschenden günstigen Sonnenscheinverhältnissen liefert die Anlage jährlich 565 MWh. Bild 84 zeigt die Teilansicht des Gesamtsolargenerators.

Für die Wasserstoffgewinnung wird ein Elektrolyseur vom Typ IMET-100 der belgischen Firma Hydrogen Systems verwendet. Dabei handelt es sich um eine Membrantyp-Anlage, die bei einer Temperatur von 100° C und einem Druck von 8,9 bar mit 400 V Gleichstrom arbeitet. Seine Kapazität beträgt bei einem Wirkungsgrad von mehr als 70 % 170 000 m^2 Wasserstoff jährlich. Bild 85 (unten) zeigt die in vier Teilen verpackte Anlage kurz vor ihrer Auslieferung nach Riad.

Bild 84: Teilansicht des 350 kW-Solargenerators in Riad. (Foto: DLR)

Die 10 kW-Photovoltaik-Anlage

Diese Anlage ist in Stuttgart installiert und liefert Solarstrom für den Betrieb verschiedener Elektrolyseure, die im Rahmen des genannten Forschungsprogramms Sauerstoff und Wasserstoff produzieren. Die Photovoltaik-Anlage kann jedoch auch durch eine zusätzliche Stromversorgung ersetzt werden. Der Solargenerator der Anlage besteht aus 480 Solarmodulen des Typs PQ 10/10 sowie 240 Solarmodulen des Typs PQ 10/40 (beide Typen aus dem früheren Lieferprogramm der Firma TST) mit einer Gesamtfläche von 183,9 m^2.

Bei den genannten Elektrolyseuren handelt es sich um die folgenden Typen:

- 2 kW-Elektrolyseur (Fa. Hydrotechnik);
- 10 kW-Elektrolyseur (Fa. Hydrogen Systems);
- 10 kW-Elektrolyseur (Kernkraftanlage Jülich).

**Bild 85: Oben: Der 10 kW-Elektrolyseur in Stuttgart.
Unten: Der 350 kW-Elektrolyseur vom Typ IMET-100 (verpackt, kurz vor der Auslieferung nach Riad). (Foto: DLR)**

Bild 86: Das HYSOLAR-Gebäude in Stuttgart-Vaihingen. Rechts: Der 10 kW-Solargenerator. (Foto: DLR)

Die beiden letztgenannten Geräte können 2,5 m^3 Wasserstoff stündlich produzieren.

Neben der 10 kW-Photovoltaik-Anlage existiert auch ein Testfeld (vgl. Bild 87, unten), mit dessen Hilfe Solarmodule der unterschiedlichsten Technologien erprobt werden können.

Die 2 kW-Photovoltaik-Anlage

Diese Anlage ist an der King Abdulaziz University in Djidda installiert und dient dem gleichen Forschungsziel wie die 10 kW-Anlage in Stuttgart. Auch hier wird also mit Hilfe der Wasserspaltung Solarwasserstoff gewonnen. Der Solargenerator besteht aus einem zweiachsig nachführbaren Heliostat, der den Solarstrom liefert. Die Peripherie enthält u.a. eine Datenerfassungsanlage, mit deren Hilfe die gewonnenen Meßdaten analysiert werden können.

Forschungsprogramm

Im Rahmen dieses Programms werden mehrere Studien durchgeführt. Eine davon befaßt sich mit dem Übergang von fossilen Energieträgern zur Sonnenenergie. Sie ist vor allem für Saudi-Arabien von Bedeutung, da das Land derzeit vor allem von dem Verkauf fossiler Energieträger lebt, deren Vorräte in absehbarer Zeit erschöpft sein werden und deren Nutzung aufgrund der drohenden Weltklimakatastrophe eingeschränkt werden muß. Ein anderer Aspekt des Forschungsprogramms ist die Anwendung von Wasserstoff in breitem Rahmen - von kleinen Apparaten wie Kochherden bis zu komplexen Systemen wie Kraftwerken oder Transportmittel zu Land, zu Wasser oder in der Luft. So gesehen stellt das HYSOLAR-Projekt ein Forschungsprogramm dar, das entscheidende Einsichten in eine künftige Solarwasserstoff-Wirtschaft verspricht.

Bild 87: Oben: Der 120 m^3-Wasserstoffspeicher des HYSOLAR-Projekts in Stuttgart. Unten: Solarzellen-Testfeld. (Foto: DLR)

12 Solarwasserstoff und seine Anwendungen

Im Rahmen einer künftigen Solarwasserstoff-Wirtschaft wird Wasserstoff naturgemäß die zentrale Rolle spielen. Das gilt nicht allein für seine Nutzung in den verschiedensten Zweigen von Industrie und Verkehr, sondern auch für seine Verwendung im privaten Haushalt. Dabei ist entscheidend, ob die Privathaushalte den benötigten Wasserstoff über ein zentrales Gasnetz beziehen oder ihren Bedarf dezentral, d.h. durch eigene Einrichtungen, erzeugen werden, wie es etwa im Falle des bereits beschriebenen ISE-Solarhauses. Im ersteren Fall können die in verschiedenen Regionen bereits vorhandenen Gasnetze mitberücksichtigt und entsprechend ausgebaut werden. Der Übergang zu einer reinen Solarwasserstoff-Wirtschaft wird natürlich eine entsprechende Anpassung dieser Netze erforderlich machen (z. B. eine Erhöhung der benötigten Kompression), die jedoch keine technischen Probleme aufwirft.

Die Umstellung vom derzeit verwendeten Erdgas auf reinen Wasserstoff wird selbstverständlich nicht abrupt erfolgen. Vielmehr werden Gasgemische mit einem ständig zunehmenden Anteil an Wasserstoff verwendet werden. Erst am Ende einer mehrjährigen Übergangsperiode wird es einen reinen Solarwasserstoff-Betrieb geben. Dabei liegen mittlerweile hinreichende Erfahrungen auf diesem Gebiet vor, die für den Übergangsprozeß sicherlich von Nutzen sein werden. Das früher verwendete Stadtgas stammte nämlich aus der Vergasung von Kohle und enthielt daher bis zu etwa 55 % Wasserstoff. Die spätere Einführung des Erdgases hatte dagegen eine Reduzierung des Wasserstoffgehalts um etwa 25 % zur Folge.

Der Übergang vom Erdgas zum reinen Wasserstoff verlangt ferner eine Betriebsumstellung der heute verwendeten Haushaltsgeräte, die naturgemäß mit Kosten verbunden ist. Diese Kosten stellen aber Bruchteile dessen dar, was eine von Grund auf neu zu erstellende Solarwasserstoff-Konzeption kosten würde, und fallen daher kaum ins Gewicht.

Als wasserstoffbetriebene Haushaltsgeräte kommen Öfen, Herde, Grille, Brenner, Kühlschränke und dergleichen in Frage. Insbesondere werden dabei katalytische Heizer breite Verwendung finden, die je nach Ausführung in den verschiedensten Temperaturbereichen arbeiten, angefangen von wenigen Graden oberhalb der Umgebungstemperatur bis zu Temperaturen von einigen hundert Grad. Das Prinzip derartiger Heizer ist seit langem bekannt. Das zugeführte Wasserstoffgas wird über eine aus poröser Keramik bestehende Verteilerplatte der darüberliegenden Katalysatorplatte aus dem gleichen Material zugeführt. Heizer dieser Art werden vor allem für die Raumheizung eingesetzt. Der Vorteil solcher Heizer besteht in der schadstoffreinen Reaktion bei niedrigen Temperaturen sowie in der vollen Ausnutzung des oberen Heizwertes des Wasserstoffs.

Prinzipiell kann man auch das heute verwendete Erdgas katalytisch verbrennen. Der Übergang zu wasserstoffreichen Gasen vereinfacht jedoch den erforderlichen technischen Aufwand. Katalytische Brenner sind übrigens derzeit vor allem in Japan sehr verbreitet.

Das Fraunhofer Institut für Solare Energiesysteme hat inzwischen einen katalytischen Brenner entwickelt, der in der Lage ist, Wasserstoff-/Sauerstoffgemische im Verhältnis 2 : 1, d.h. in eben dem Verhältnis zu verbrennen, wie es durch die Wasserelektrolyse gewonnen wird. Dabei entsteht neben Wärme auch Wasser, das dem Elektrolyseur zugeführt wird. Diese Technologie kann für Herde, Backöfen, Zentralheizkessel und andere Geräte leicht eingesetzt werden. Das Endziel auf diesem Gebiet werden jedoch sogenannte geschlossene Wasserstoffsysteme sein, die sowohl einzelne Häuser bzw. Gebäude als auch ganze Siedlungen zu hundert Prozent mit Sonnenenergie versorgen können. Dabei werden diese Systeme dem experimentell im Falle des ISE-Solarhauses verwendeten System ähnlich sehen. Die erforderliche Leistungsfähigkeit solcher Systeme wird wahrscheinlich durch eine Art Baukastenprinzip gewährleistet werden. Je nach Energiebedarf werden also eine oder mehrere Einheiten eingesetzt werden. Dies gilt für alle im Rahmen des betreffenden Systems verwendeten Baugruppen, wie z. B. den Solargenerator, den Elektrolyseur, die Brennstoffzelle und die Batterien. Zu einem späteren Zeitpunkt wird voraussichtlich die Heißdampf-Elektrolyse eingesetzt, die den Elektrolyseur und die Brennstoffzelle zu einer einzigen Einheit verschmilzt, die mit Hilfe von Solarstrom, Wasserstoff gewinnt und durch Einspeisung von Wasserstoff und Sauerstoff, Strom erzeugt.

Große Hoffnungen weckt der Wasserstoff natürlich als Kraftstoff für den Straßen-, Luft- und Schiffsverkehr.

Das Auto hat heute einen festen und bedeutenden Platz in unserer technisierten Welt eingenommen und ist aus unserem täglichen Leben nicht mehr wegzudenken. Weltweit sind inzwischen 500 Millionen Kraftfahrzeuge in Betrieb, und diese Zahl wird weiter zunehmen, da zum einen mit einem weiteren Wachstum der Erdbevölkerung, zum anderen mit einer Zunahme der Fahrzeugdichte vor allem in den Ländern der Dritten Welt zu rechnen ist. Andererseits sind Kraftfahrzeuge so stark an der Umweltverschmutzung beteiligt, daß auf diesem Sektor Alternativen zu den derzeit verwendeten fossilen Energieträgern unabdingbar sind. Die besten Anwärter auf das Auto der Zukunft stellen derzeit elektrische oder wasserstoffbetriebene Kraftfahrzeuge dar.

Wasserstoffbetriebene Verbrennungsmotoren sind nahezu frei von Schadstoffen. Dabei kann sowohl reiner Wasserstoff als auch ein Gemisch aus Benzin und Wasserstoff verwendet werden. Beide Verfahren sind inzwischen im In- und Ausland hinreichend erprobt und haben zufriedenstellende Ergebnisse erbracht.

Wird reiner Wasserstoff verwendet, so verbrennt er mit Luftsauerstoff zu Wasser, das den Auspuff in Form von überwiegend unsichtbarem Dampf verläßt. Die dabei auftretende Bildung von Stickoxiden, die durch die hohe Brenntemperatur begünstigt wird, kann durch geeignete Maßnahmen beherrscht werden.

Im Rahmen eines vom Bundesministerium für Forschung und Technologie geförderten Demonstrationsprojekts *„Alternative Energien für den Straßenverkehr“* sind in Berlin seit Oktober 1984 probeweise Mercedes-Benz-Fahrzeuge mit Wasserstoffbetrieb eingesetzt. Ziel der Erprobung war es, durch praxisnahe Bedingungen Auskunft darüber zu erhalten, wieweit die neue Antriebstechnologie geeignet ist, den Anforderungen einer praktischen Nutzung gerecht zu werden. Insgesamt nahmen an der Erprobung zehn Fahrzeuge teil, davon fürf PKW 280 TE für Wasserstoff-Benzin-Mischbetrieb und fünf Transporter 310 für reinen Wasserstoffbetrieb. Zu ihrer Versorgung stand eine zentrale Tankstelle zur Verfügung. Als Betreiber waren und sind teilweise noch die folgenden Institutionen beteiligt:

- Berliner Stadtreinigungsbetriebe;
- Deutsches Rotes Kreuz;
- Fuhrpark des Berliner Senats;
- GASAG (Berliner Gaswerke);
- Gesellschaft für Rationelle Energieverwendung;
- GOTH Elektrotechnik;
- Johanniter-Unfall-Hilfe;
- Jüdische Gemeinde zu Berlin;
- Kassenärztliche Vereinigung.

Gleichzeitig sind in München ähnliche Versuche mit BMW-Fahrzeugen durchgeführt worden, wobei unterschiedliche Bordspeicher für den Wasserstoff in Einsatz kamen. Prinzipiell stehen zu diesem Zweck die folgenden Techniken zur Verfügung:

- gasförmige Speicherung in Druckbehältern;
- flüssige Speicherung in Kryobehältern;
- feste Speicherung als chemische Bindung in Metallhydriden.

Jedes dieser Verfahren weist sowohl Vor- als auch Nachteile auf, so daß es nicht leicht fällt, sich für das eine oder das andere auszusprechen. Als vor etwa zwei Jahrzehnten durch öffentlich geförderte Projekte Forschungsarbeiten auf diesem Gebiet eingeleiten wurden, gehörten Druck- und Kryobehälter bereits zum aktuellen Stand der Technik. Dagegen standen Metallhydride erst am Beginn der Erforschung und verfügten deswegen über ein beträchtliches Entwicklungspotential. Überdies war die Sicherheit der Wasserstoffspeicherung durch die chemische Bindung in Metallgittern gewährleistet, während Druckbehälter mit Sicherheitsrisiken behaftet sind. Aus diesem Grunde konzentrierte sich die Aufmerksamkeit auf die Erforschung der Metallhydride, ohne die beiden anderen Speicherverfahren außer acht zu lassen.

Unter allen drei zuvor erwähnten Wasserstoffspeichern scheint der Druck-Wasserstoffspeicher für Kraftfahrzeuge am wenigsten geeignet zu sein. Wasserstoffspeicherung in gasförmigem Zustand entspricht zwar dem Stand der Technik, ihr Einsatz in Fahrzeugen wird jedoch durch die erforderlichen Stahlbehälter, die ein relativ großes Gewicht aufweisen, erheblich eingeschränkt. Inzwischen sind zwar Verbundbehälter aus Metall und Fasern entwickelt, die günstigere Gewichtsverhältnisse aufweisen, doch ist auch diese Technologie zumindest im PKW-Bereich noch nicht zufriedenstellend. Bild 88 zeigt einen solchen Behälter, der einen Druck von 300 bar aushalten kann. Sein Gewicht beträgt 120 kg bei einem Volumen von nur 250 l.

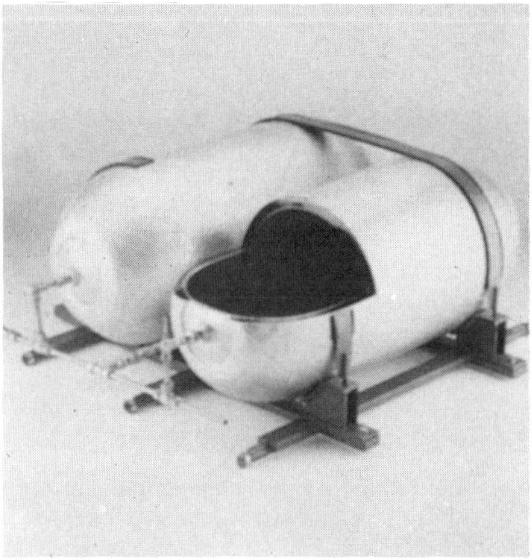

Bild 88: Beispiel eines Druck-Wasserstoffspeichers. Er hält 300 bar aus, wozu bei einem Volumen von nur 250 l ein Gewicht von 120 kg erforderlich ist. (Foto: Daimler-Benz AG)

Flüssiger Wasserstoff als Energieträger entspricht ebenfalls dem Stand der Technik. Er wird beispielsweise in der Raumfahrttechnik neben Feststofftreibstoffen verwendet. Durch Verflüssigung wird bei einem Druck von 1 at eine Dichte von 70,8 kg/m^3 bzw. eine Energiedichte von $8{,}5 \cdot 10^9$ Joule/m^3 erreicht. Diese vergleichsweise günstigen Werte verlangen jedoch ihren Preis. Für die Verflüssigung des Wasserstoffs ist eine relativ große Energiemenge von 10 bis 14 kWh/kg erforderlich, damit die nötige Temperatur von -253 ° C (20 K) erreicht werden kann. Diese sehr niedrige Temperatur stellt naturgemäß große Anforderungen an die Isoliertechnologie des verwendeten Behälters, dessen Bauweise als doppelwandiges Druckgefäß in kugelähnlicher oder zylindrischer Form auch einen relativ hohen Platzbedarf verlangt. Dabei liegt die tägliche Abdampfrate bei etwa 2 %, so daß nach einem Stillstand des betreffenden Fahrzeugs von 50 Tagen der Tank völlig entleert sein wird. Bei regelmäßigem Betrieb ist dies, abgesehen von dem täglichen Verlust von 2 %, ohne besondere Bedeutung. Bild 89 zeigt einen Speicher für flüssigen Wasserstoff, der im Rahmen eines Versuchsprogramms bereits erfolgreich erprobt worden ist. Er stammt von der Firma BMW, die die Flüssigspeicherung favorisiert (vgl. Bild 90). Daimler-Benz setzte dagegen zumindest am Anfang der Versuche auf das Metallhydridspeicherungs-Verfahren.

Bild 89: Im Kofferraum installierter Flüssigwasserstofftank eines BMW-Versuchsfahrzeugs. (Foto: Firma BMW)

Die Tatsache, daß bestimmte Metallegierungen die Fähigkeit besitzen, Wasserstoff in ihren Metallgittern reversibel einzulagern, zeitigte die

Entwicklung von Hydriden, die als Wasserstoffspeicher benutzt werden können. Der Lade- und Entladevorgang verläuft so, wie es im Prinzip Bild 91 zeigt. Während des Ladevorgangs entsteht das Metallhydrid und zugleich Wärme, die abgeführt werden muß. Der Entladevorgang setzt entspechend die Zufuhr von Wärme voraus. Bei der Anwendung derartiger Hydride in Fahrzeugen stehen als Wärmequellen die Abgase und das Kühlwasser des Motors zur Verfügung. Das verwendete Hydridmaterial muß naturgemäß sowohl einen Kaltstart ermöglichen als auch für einen Wärmetausch mit gängigen Kühlmitteln geeignet sein.

Bereits Ende der sechziger Jahre wurde für diese Zwecke die Legierung TiFe (Titan-Eisen) bekannt. Einen Meilenstein der Entwicklung stellt bis auf den heutigen Tag die Legierung TiZrFeCrMn (Code 500) dar, die eine maximale Wasserstoffkapazität von 1,8 Gew. % aufweist

Bild 90: BMW-Versuchsfahrzeug mit Flüssigwasserstoffantrieb. (Foto: Firma BMW)

und bei Umgebungstemperatur über einen weiten Bereich der Beladung einen für den Fahrzeugbetrieb ausreichenden Wasserstoffdruck gewährleistet. Für die Optimierung dieses Speicherverfahrens wurden zahlreiche Parameter (Speicherkapazität, Zyklisierungsstabilität, Aktivierungsverhalten usw.) eingehend untersucht und daraus eine Legierung ermittelt, die aus Titan, Zirkon, Vanadium, Eisen, Chrom und Mangan besteht.

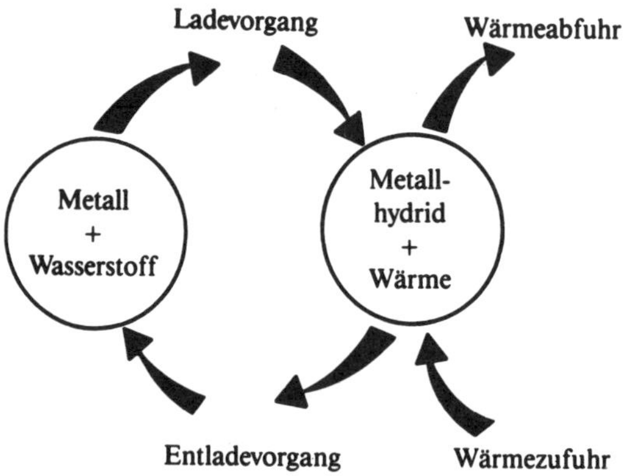

Bild 91: Wasserstoffspeicherung in einer hydridbildenden Legierung.

Bild 92 zeigt den Aufbau eines Metallhydrid-Wasserstoffspeichers, wie er bei Daimler-Benz bereits experimentell eingesetzt wurde. Darin wird der gasförmige Wasserstoff von in Rohren befindlichem Metallpulver absorbiert, wodurch die erwähnten Hydride entstehen. Dabei wird Wärme freigesetzt, d.h., beim Betankungsvorgang wird Wärme abgegeben.

Der Wasserstoffbehälter ist daher als Röhrenwärmetauscher ausgebildet. Die Rohre, die den in Metall eingelagerten Wasserstoff enthalten, sind von Wasser umgeben. Dieses Wasser übernimmt den Wärmetransport, der für die Wasserstoffbefüllung oder -entnahme erforderlich ist. Das Gewicht des in Bild 92 gezeigten Speichers beträgt 320 kg, obgleich sein Speichervolumen nur 170 l beträgt. Eben hierin liegt der wesentliche Nachteil dieses Speichertyps.

Welche der genannten Wasserstoffspeicherungen das Rennen gewinnen wird, ist derzeit nicht entschieden. Daher wird in der Autoindustrie weiterhin mit den unterschiedlichsten Systemen experimentiert. Das gleiche gilt auch für die Unterbringung der Systeme an Bord der Kraftfahrzeuge. Bild 93 zeigt beispielsweise (im Modell) drei Möglichkeiten für die Unterbringung verschiedener Wasserstoff-Speichersysteme an Bord eines Busses.

Bild 92: Metallhydrid-Wasserstoffspeicher, wie er bei Versuchsfahrzeugen der Firma Daimler-Benz AG bereits experimentell eingesetzt worden ist.

Bild 94 zeigt die Betankung eines mit einem Hydridspeicher ausgestatteten Kraftfahrzeuges. Während des Tankvorgangs muß die entstehende Wärme abgeführt werden. Daher enthält der Tankanschluß eine Zu- und Abführung für Kühlwasser. Der separate Anschluß (rechts) dient der eigentlichen Wasserstoffzufuhr.

Wasserstoff in flüssiger Form kommt nicht zuletzt als Kraftstoff für die Luftfahrt in Frage. Die Raumfahrt verwendet ihn, wie erwähnt, neben Festtreibstoffen ohnehin seit langem. Somit liegen Erfahrungen für Fluggeräte vor, die für die Luftfahrt insgesamt nützlich sein können. Be-

Bild 93: Drei Möglichkeiten für die Unterbringung verschiedener Wasserstoff-Speichersysteme; als Unterflursystem zwischen den Achsen, im Heck oder auf dem Fahrzeugdach. (Foto: Firma Daimler-Benz AG)

reits heute wird flüssiger Wasserstoff probeweise eingesetzt. So wird beispielsweise eines der drei Triebwerke einer Tupolew-Maschine mit flüssigem Wasserstoff betrieben. Auch für den Airbus ist eine Wasserstoff-Version geplant (vgl. Bild 95).

Die allgemeine Einführung des Wasserstoffs als Kraftstoff der Luftfahrt liegt allerdings noch in weiter Ferne, da auch hier die benötigte Infrastruktur noch nicht existiert. Es fehlen vor allem die Transport- und Speichereinrichtungen auf den Flughäfen, die nicht von heute auf morgen bereitgestellt werden können. Auch die Kostenfrage spielt

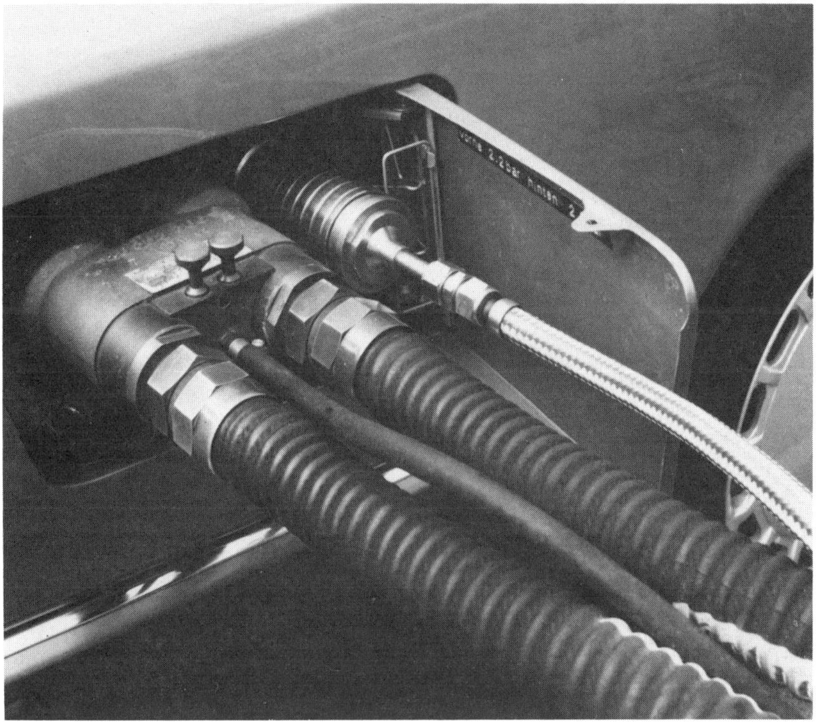

Bild 94: Wasserstoffbetankung. Während des Tankvorgangs eines Hydridspeichers muß die entstehende Wärme abgeführt werden. Daher enthält der Tankanschluß eine Zu- und Abführung für Kühlwasser. Der separate Anschluß (rechts) dient der eigentlichen Wasserstoffzufuhr.

eine wichtige Rolle. Technisch gesehen bietet der Wasserstoffbetrieb jedoch nicht allein im Überschall- sondern auch im Unterschallbereich Vorteile, da das Startgewicht im Vergleich zum Flugbenzin Synjet bei gleicher Reichweite geringer ist. Die Vorteile des Wasserstoffbetriebs erweisen sich jedoch vor allem im Überschallflug. Die Gründe dafür hängen mit dem hohen Heizwert, dem weiten Zündbereich (im Wasserstoff-Luftgemisch) und der großen Flammengeschwindigkeit zusammen. Während beispielsweise der Flugkraftstoff Synjet einen untersten

Heizwert von 11,9 kWh/kg aufweist, beträgt der entsprechende Wert des flüssigen Methans (LHC_4) 13,8 kWh/kg. Ein weiterer Vorteil hängt mit der Tatsache zusammen, daß wasserstoffbetriebene Turbinenstrahltriebwerke umweltfreundlich arbeiten - ein Faktor, der angesichts der drohenden Klimakatastrophe nicht außer acht gelassen werden darf.

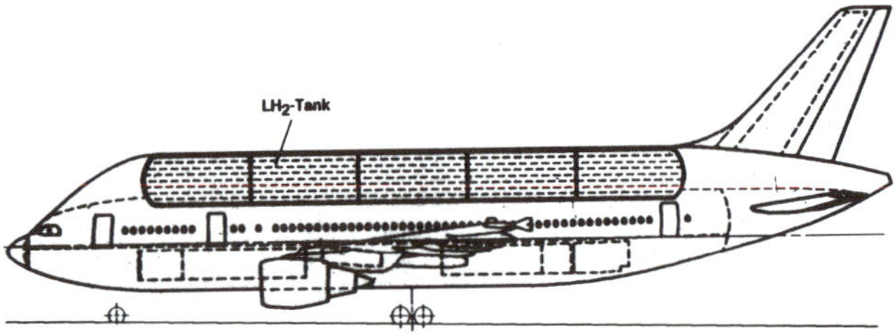

Bild 95: Die Firma Aerospace plant, flüssigen Wasserstoff als Kraftstoff für eine Airbus-Version zu verwenden. Bis zum breiten Einsatz dieses Kraftstoffs werden sicherlich Jahrzehnte vergehen, weil auf den Flughäfen einstweilen u.a. die erforderliche Infrastruktur fehlt.

Dem Sicherheitsprinzip ist ebenfalls Rechnung getragen, da Wasserstoff nicht gefährlicher ist als andere Kraftstoffe.

Wasserstoff könnte schließlich auch als Kraftstoff für weitere Fahrzeuge, z. B. Schienenfahrzeuge, Schiffe oder Unterwasserfahrzeuge genutzt werden. Darüberhinaus kann Solarwasserstoff auch einen Beitrag zur Müllentsorgung leisten. Dabei muß allerdings ein Weg gefunden werden, Kohlenstoff in den Kreislauf des Wasserstoffs einzubeziehen. Die Natur kann aber auch in dieser Hinsicht als Vorbild gelten. Durch die Photosynthese werden bekanntlich mit Hilfe von Sonnenstrahlung Wasserstoff und Kohlendioxid in Verbindung gebracht, wodurch nützliche Produkte wie Kohlenhydrate, Fette und Eiweiß entstehen. In einem geschlossenen Wasserstoff-/Kohlenstoffkreislauf könnte man also wertlos gewordene Kohlenstoffverbindungen mit Hilfe von Wasserstoff wieder zu nutzbaren Stoffen umwandeln. Chemische Abfälle könnten also mit Hilfe des Reduktionsmittels Wasserstoff in neue Baustoffe umgewandelt werden, die erneut verwendet werden können. Statt chemischen Müll wie bisher zu verbrennen, könnte man ihn unter Ausschluß von Luft auf hohe Temperaturen bringen und dadurch zersetzen (Pyrolyse). Dabei werden Methan und andere Gase, aber auch feste Produkte wie Blei oder Aluminium gewonnen. Dazu sind lediglich Wasserstoff und Wärmeenergie erforderlich. Beides aber kann von einer Solarwasserstoff-Wirtschaft reichlich zur Verfügung gestellt werden.

Doch damit nicht genug. Wasserstoff kann auch der Biotechnologie bahnbrechende Impulse geben. Hier kann er zur Erzeugung von Nahrungsmitteln eingesetzt werden. Knallgasbakterien wachsen bekanntlich, indem sie Wasserstoff und Sauerstoff in Wasser umwandeln, um mit der freiwerdenden Energie Kohlendioxid aus der Luft in Kohlehydrate, Fette und Eiweiß, d.h. in Nahrungsmittel, zu überführen. Die Verwendbarkeit von Wasserstoff ist also nachgerade universal.

Damit aber eine künftige Solarwasserstoff-Wirtschaft durchgesetzt werden kann, muß neben der Produktion von Wasserstoff auch die Problematik seiner Speicherung und seines Transportes befriedigend gelöst werden. Glücklicherweise muß man in beiden Fällen nicht von Null anfangen, da Erfahrungen sowohl mit Erdgas als auch mit Wasserstoff in ausreichendem Maße zur Verfügung stehen. Die Firma Hüls AG betreibt beispielsweise in Deutschland das längste Wasserstoff-Fernleitungsnetz der Welt. Dieses Netz (vgl. Bild 96) weist bei einem Leitungsdurchmesser von 100 bis 300 mm eine Länge von 210 km auf. An dieses Netz sind 17 Werke angeschlossen, von denen vier als Einspeisestationen dienen. Die restlichen 13 stellen Wasserstoffverbraucher dar. Die Transportkapazität des Netzes, dessen Ausbau bereits im Jahre 1938 begann, beträgt bei einem Druck von 25 bar 1 Mrd. m^3 jährlich. Das ganze Netz, das zwischen Köln, Düsseldorf, Essen und Dortmund verläuft (vgl. Bild 96), verfügt über mehrere Meß- und Prüfeinrichtungen, die seinen sicheren Betrieb gewährleisten. Dabei werden die wesentlichen Elemente dieser Einrichtungen beständig durch eine Zentrale kontrolliert. Ein Computer dient der Auswertung der Meßdaten wie der Überwachung und gegebenenfalls der Steuerung des Gesamtnetzes. Der kurzfristigen Wasserstoffspeicherung dienen mehrere Gasometer (vgl. Bild 97),

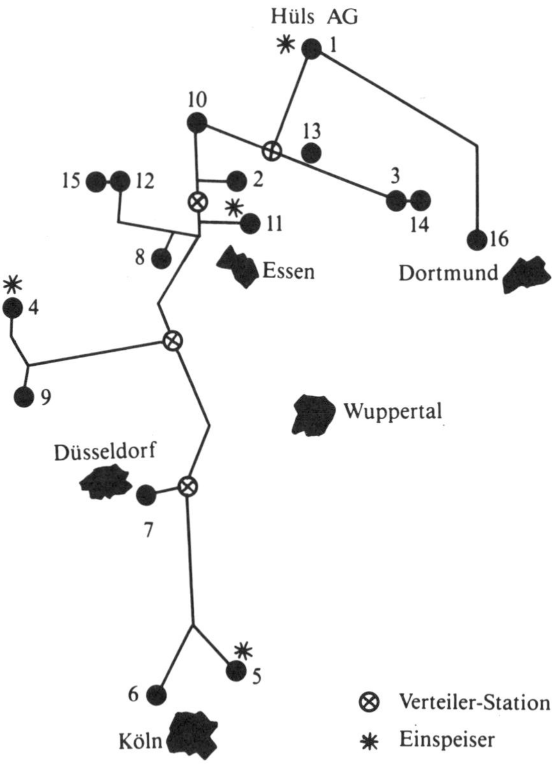

Bild 96: Die Firma Hüls AG betreibt in Deutschland das längste zusammenhängende Wasserstoff-Fernleitungsnetz (210 km).

die mit einem kleinen Überdruck von bis zu 0,05 bar arbeiten. Über dieses Netz wird auch eine Abfüllstelle betrieben, in der Wasserstoff in Flaschen, Flaschenbündeln und Großbehältern in Mengen bis zu 4000 m^3 abgefüllt wird. Der Transport findet fast ausschließlich über die Straße statt (vgl. Bild 98).

Auf dem Bereich des transkontinentalen Gastransports sind ebenfalls Erfahrungen gesammelt worden, die für den Wasserstofftransport von Nutzen sein können. So existiert beispielsweise eine 3300 km lange Gasleitung, die Algeriens Erdgasgebiet Hassi R'mal durch Tunesien, das

Mittelmeer und Italien mit Europa verbindet. Dabei handelt es sich um eine Leitung von 2 m Durchmesser, die mit einem Druck von 100 bar betrieben wird. Auch die Transsibirische Gasleitung, die Europa mit Erdgas aus Sibirien versorgt, ist an dieser Stelle zu nennen.

Bild 97: Gasometer zur Zwischenspeicherung von Wasserstoff.
(Foto: Firma Hüls AG)

Der Transport von flüssigem Wasserstoff in größeren Mengen und über größere Entfernungen verlangt naturgemäß andere technische Verfahren. Dabei kann man sich auf Erfahrungen mit flüssigem Erdgas stützen. Bereits gegen Ende der 50er Jahre wurden beispielsweise mit einem Spezialseetransporter 2200 Tonnen Flüssigerdgas von den USA nach England transportiert. Seither stieg der Weltverbrauch dieses Energieträgers beständig an. Lag er im Jahre 1985 bei 52 Mrd. m^3, so ist für die Zeit bis zum Jahre 2010 eine Zunahme auf 160 Mrd. m^3 zu erwarten (vgl. Bild 99).

Den Weg von der Erdgasförderung bis zum Transport in flüssiger Form veranschaulicht schematisch Bild 100. Das geförderte Erdgas erfährt zunächst eine chemische Behandlung, die darin besteht, das enthaltene Kohlendioxid sowie das Wasser zu entfernen, das das Erdgas während dieser Behandlung zwangsläufig aufnimmt. Die chemische Behandlung endet mit der Entfernung aller Kohlehydrate, die schwerer als Methan sind. Das zu behandelnde Erdgas durchläuft anschließend eine Kühlanlage, in der es auf -160 ° C gekühlt und dadurch verflüssigt wird. Dabei wird eine Energiemenge verbraucht, die etwa 15 % der Gesamtenergie

Bild 98: Wasserstoff-Straßentransport in Flaschen. (Foto: Firma Hüls AG)

ausmacht. Das verflüssigte Erdgas wird daraufhin in entsprechend isolierten Speichern aufbewahrt, bis es mit speziellen, mit kryogenen Behältern ausgerüsteten Schiffen zu den Verbrauchern transportiert wird.

Im Bereich des Flüssigwasserstoffs wird derzeit an verschiedenen Stellen auf nationaler wie auf internationaler Ebene geforscht. Zu nennen ist beispielsweise das *„Euro Quebec Hydrogen Pilot Project“* in Kanada, an dem unter anderem auch die Firma Daimler-Benz AG beteiligt ist. Das Projekt sieht vor, den in Quebec mit Hilfe von Strom aus Wasserenergie gewonnenen Wasserstoff zu verflüssigen und durch Spezialschiffe nach Hamburg zu transportieren, wo er als Kraftstoff für etwa 100 Linienbusse verwendet werden soll. Hier handelt es sich also um ein Experiment, durch das Erfahrungen gewonnen werden sollen, die für eine künftige Solarwasserstoff-Wirtschaft von Nutzen sein werden.

Im großen und ganzen existieren also im Vorfeld einer künftigen Solarwasserstoff-Wirtschaft etliche Erfahrungen, so daß keineswegs bei Null angefangen werden muß. Noch wichtiger ist jedoch der Umstand, daß hier keinerlei technologisches Risiko besteht. Es bleibt allerdings eine immense Routinearbeit, falls man sich dazu entschließt, die Solarwasserstoff-Wirtschaft in *„kurzer“* Zeit (30 bis 50 Jahren) zu realisieren.

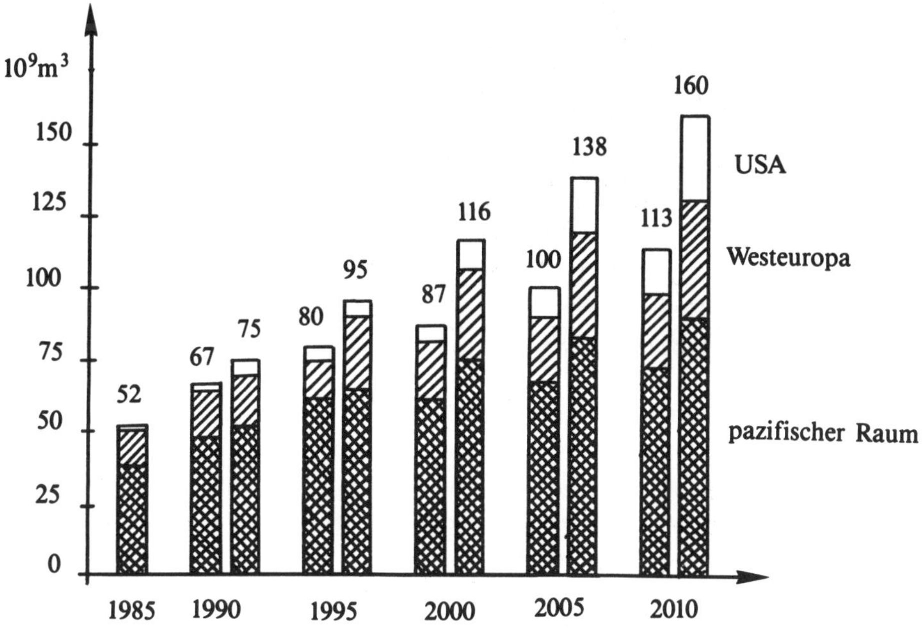

Bild 99: Entwicklung des Weltverbrauchs von flüssigem Erdgas.
(Quelle: Firma Shell AG)

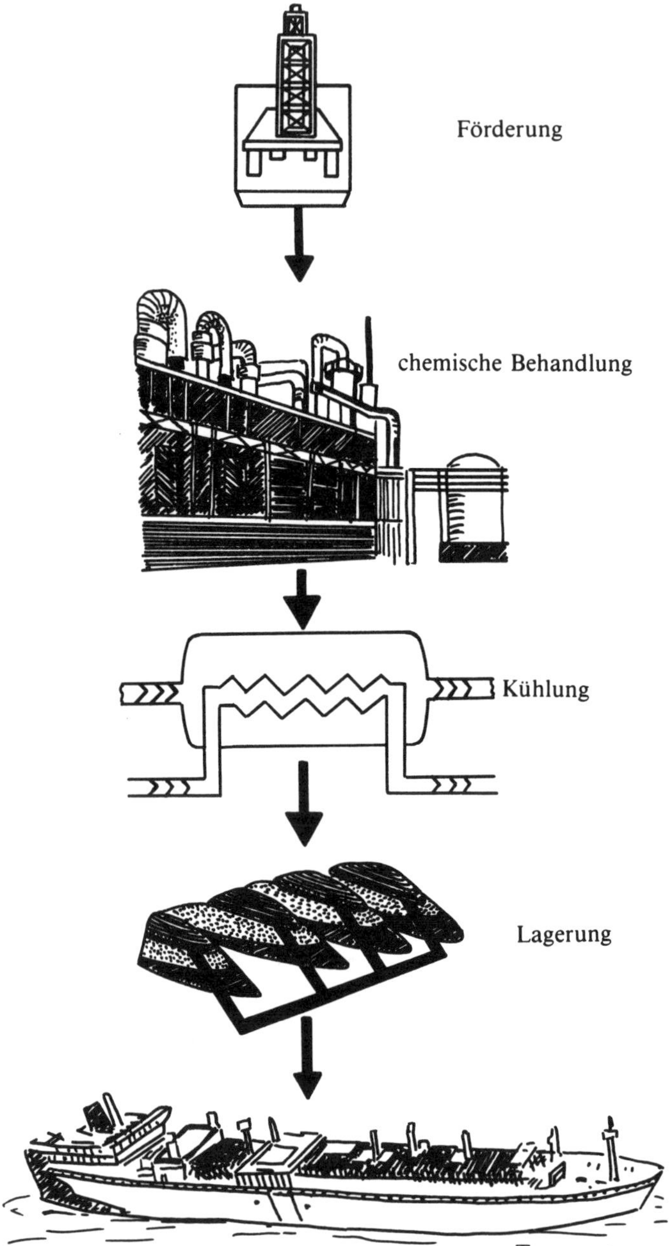

Bild 100: Erdgas und sein Weg zu Verflüssigung, Lagerung und Transport.

13 Solarwasserstoff: Eine Vision, die Realität werden kann und muß

Die Erkenntnis der Öko-Energie-Problematik zwingt zu weltweitem raschem Handeln. Der Uhrzeiger steht im wahrsten Sinne des Wortes auf *„fünf vor zwölf"*.

Seit langem sind wir Zeugen, daß die Welt nicht allein hinsichtlich ihrer Energie- und Rohstoffressourcen ausgeplündert, sondern auch Strukturen unterworfen wird, die zur unmittelbaren Vernichtung der belebten Natur führen können. Gemeint ist einerseits das riesige Arsenal konventioneller und nuklearer Waffen, andererseits das nicht minder umfangreiche Arsenal von Kernkraftwerken. Hinzu kommt die Ökoproblematik die einerseits durch radioaktive Abfälle, andererseits durch die Verbrennung fossiler Energieträger entsteht und mittlerweile bedrohliche Ausmaße angenommen hat.

In wenigen Jahrzehnten hat der Mensch das von der Natur in Jahrmillionen geschaffene Ökosystem zugrundegerichtet.

Hier ist deswegen eine Lösung gefordert, die die genannten Teilprobleme - die Erschließung neuer Energiequellen und die Schonung der Umwelt - nicht seriell, sondern weitgehend parallel zu bewältigen vermag.

Nach Abwägung aller Vor- und Nachteile der verschiedenen Mittel, die zur Lösung dieser Doppelproblematik erwogen werden, bietet heute die Nutzung der Sonnenenergie mit Hilfe der Photovoltaik und des Solarwasserstoffs die einzig vernünftige Lösung. Die Gründe dafür sind im Voranstehenden hinreichend erläutert.

Mittlerweile sind sich sowohl die meisten Politiker wie auch die meisten Energieexperten in diesem Punkte einig. Selbst die Anhänger der fossilen Energieträger haben eingesehen, daß die Klimaproblematik nicht zuletzt durch die Verbrennung dieser Energieträger verschärft wird. Lediglich die Anhänger der Kernenergie sind trotz zahlreicher Warnsignale nicht bereit, die von der Kernenergie ausgehenden vielfältigen Gefahren einzugestehen und die entsprechenden Schlußfolgerungen zu ziehen. Sie handeln nach wie vor so, als ob unser Planet ihr Eigentum wäre, über das sie nach Gutdünken verfügen könnten. Dabei operieren sie sowohl als Einzeltäter wie als organisierte Gruppe, um dem Volk durch bundesweit angelegte millionenschwere Anzeigenkampagnen und Vortragsfolgen einzureden, daß die Kernenergie eine saubere und zugleich sichere Energiequelle darstellt. Dabei werden von ausgesuchten Psychologen wohlüberlegte Formulierungen gewählt, die auf eine Art *„Gehirnwäsche“* abzielen. Wer die Anzeigen der Kernenergie-Lobby aufmerksam verfolgt, wird sich leicht überzeugen, daß diese Worte keine Übertreibung darstellen.

Das gleiche gilt für die Aktionen der Stromerzeuger, die ihrerseits großangelegte Anzeigen und zahlreiche Informationsbroschüren auswerfen. Die vom *„Info-Service-Strom“* kostenlos verteilte Broschüre *„Kernenergie - Fragen und Antworten“* ist eines dieser Machwerke. Darin findet sich unter anderem auch der meisterhaft formulierte Abschnitt *„Warum werden Atomkraftwerke überhaupt eingesetzt?“*. Etwa 98 % des Inhalts preisen die Vorteile der Kernenergie. Ihren Nachteilen sind ganze drei Zeilen gewidmet.

Eindrucksvoll gestaltet ist auch die Grafik, die diesen Abschnitt begleitet. Sie zeigt, daß 1 kg Uran, das einem Würfel mit einer Kantenlänge von lediglich 4,5 cm entspricht, 29 t Heizöl bzw. 28 t Kohle ersetzt. Damit wird die unübertroffene Leistungsdichte des Urans im Vergleich zu anderen Energieträgern optisch anschaulich gemacht.

Das gleiche Ziel verfolgt die Tabelle *„Leistungsdichten im Vergleich“* auf S. 129 der Broschüre, die die Leistungsdichte des Urans von 650 kW/m^3 mit den Leistungsdichten anderer Energieträger vergleicht.

Nicht weniger skandalös sind die Ansichten einzelner Anhänger der Kernenergie, die in Vorträgen, Interviews, Broschüren usw. unters Volk gebracht werden.

Nein! Die Kernenergie stellt nach dem heutigen Kenntnisstand keine Alternative zur Sonnenenergie dar. Gleichwohl müssen wir, nachdem wir uns in die Abhängigkeit von einer Energieform begeben haben, aus der wir uns nicht von heute auf morgen zu befreien vermögen, einstweilen mit der Realität einer fortexistierenden Kernenergie-Wirtschaft leben. Wer technisch rechnen und denken kann, muß für den Ausstieg aus der Kernenergie einen Zeitraum von drei bis fünf Jahrzehnten veranschlagen. Das ist eben der Zeitraum, der für die endgültige Etablierung einer Solarwasserstoff-Wirtschaft erforderlich ist.

Großprojekte internationalen Charakters haben in der Vergangenheit vielfach gezeigt, welche Zeiten erforderlich sind, um das angestrebte Ziel zu erreichen. Das Apollo-Projekt, das uns die erste Mondlandung erlaubte, dauerte 9 Jahre (1960 - 1969). Großflugzeug-Projekte dauern 5 bis 10, Satelliten-Projekte 4 bis 6 Jahre. Das Suezkanal-Projekt (Einweihung November 1869) dauerte 10 Jahre, und ebensoviel Zeit nahm der Bau des 111 m hohen und 5 km langen Assuanstaudamms in Anspruch (1960 - 1970).

SPD-Visionen, nach denen der Ausstieg aus der Kernenergie innerhalb einer Dekade möglich ist, können als Illusionen beiseitegelegt werden. Der neue SPD-Chef Björn Engholm äußerte auf einer Fernsehsendung am 29. Mai 1991, daß der Ausstieg aus der Kernenergie, hätte die SPD im Jahre 1986 die Macht übernommen, 1996 vollzogen wäre. Nun rechnet er mit einer Machtübernahme im Jahre 1994, d.h. mit einem Abschied von der Kernenergie im Jahre 2004. Selbst Schweden, ein kleines Industrieland, das den Ausstieg aus der Kernenergie durch Volksentscheid beschloß, rechnet mit einer Übergangszeit von 30 Jahren.

Der Staat braucht gewiß Visionen, doch sollte es sich dabei um realistische Visionen handeln, die vom Volk akzeptiert und nicht als Illusionen belächelt werden. Die Kernenergie stellt, wie gesagt, eine Realität dar, die wir nicht innerhalb eines Jahrzehnts beseitigen können. Der Weg ist lang, dornig und kostspielig. Es bedarf überdies einer sorgfältigen Planung, um eine funktionierende Solarwasserstoff-Wirtschaft aufzubauen.

Die Umstellung der auf fossilen und atomaren Energieträgern basierenden Energiewirtschaft auf eine Solarwasserstoff-Wirtschaft stellt naturgemäß eine Weltaufgabe dar, die zwar in technologischer Hinsicht problemlos ist, in technischer Hinsicht dagegen ein gigantisches Projekt darstellt, das nicht allein immense Kosten verlangt, sondern auch Zeiträume von mehreren Jahrzehnten beansprucht.

Legt man den derzeitigen Weltenergiebedarf von ca 12 TWa zugrunde und berücksichtigt man für die Photovoltaik eine durchschnittliche Verfügbarkeit von 3000 Stunden jährlich, so beträgt die erforderliche installierte Leistung

$$12 \times \frac{8760}{3000} \approx 3{,}5 \cdot 10^{13}\ \mathrm{W} = 35000\ \mathrm{GW}$$

Dieser Wert entspricht, da die mittlere Leistung eines Kernkraftwerks etwa 1 GW beträgt, der Leistung von etwa 35 000 Kernkraftwerken. Die erforderlichen Photovoltaik-Kraftwerke könnten sich ebenfalls auf 35 000 Stück belaufen, da Kraftwerke dieses Typs mit einer durchschnittlichen Leistung von 1 GW im Rahmen der Realisierungsgrenze liegen. Natürlich wird die Photovoltaik auch durch solarthermische Kraftwerke und Windenergie unterstützt, so daß die genannte Zahl erheblich vermindert werden kann.

Geht man zunächst davon aus, daß die ganze Leistung von $3{,}5 \cdot 10^{13}$ W auf dem Wege der Photovoltaik erbracht werden soll, und legt man einen Preis von DM 5,- pro installiertes Watt zugrunde, so entsteht ein Investitionsvolumen von $3{,}5 \times 5 \cdot 10^{13} = 16{,}5 \cdot 10^{13}$ DM = 165 000 Mrd. DM. Auf fünfzig Jahre verteilt ergibt sich ein jährlicher Investitionsbetrag von 2300 Mrd. DM. Eine immense Summe also, die die Weltwirtschaft kaum verkraften kann. Glücklicherweise sieht aber die Rechnung in Wahrheit ganz anders aus. Denn staatlich finanzierte Projekte enthalten eine große Selbstfinanzierungsquote, die bis zu 80% steigen kann. Die Gründe dafür sind wohlbekannt. Einnahmen aus Lohn- und Einkommensteuer, Arbeitsversicherung, Einsparung von Arbeitslosengeld usw. Bei einer Selbstfinanzierungsquote von 60 % reduziert sich der genannte Investitionsbetrag auf 2300 x 0,6 = 1380 Mrd. DM jährlich. Selbst dieser Betrag ist jedoch sehr hoch und kaum verfügbar. Man muß aber berücksichtigen, daß staatlich finanzierte Großprojekte auch private Investitionen auslösen, die speziell im Falle einer globalen Solarwasserstoff-Wirtschaft gewaltig sein können, weil hier einfach in die Zukunft investiert wird. Hinzu kommt die Tatsache, daß der zugrundegelegte Preis von DM 5,- pro Watt installierter Leistung sich bald auf etwa DM 1,- reduziert, so daß die erforderliche jährliche Investition allein aus diesem Grunde auf 1380/5 = 276 Mrd. DM gesenkt werden kann. Diese Summe aber kann die Weltwirtschaft ohne weiteres verkraften. Die Problematik verlagert sich also von der finanziellen auf die politische Ebene. Denn es ist eine Illusion zu glauben, man könne die Politiker weltweit dazu bewegen, die Rüstungsausgaben um etwa 25 % zu senken, um die erforderlichen Mittel für die Realisierung einer Solarwasserstoff-Wirtschaft bereitzustellen. Als Illusion ist auch die Einrichtung einer Weltregierung zu betrachten, die sich die hier besprochene Aufgabe zu eigen machen könnte. Einen guten Ersatz könnten jedoch die Vereinten Nationen bieten. Eine UN-Kommission mit der Bezeichnung *„Sonnenenergie-Global“* könnte beispielsweise die weltweite Koordinierung übernehmen. Dieser Kommission könnte man auf nationaler Ebene entsprechende *„Sonnenenergie-Ministerien“* unterstellen, die die beteiligten Staaten ins Leben zu rufen hätten. Wer eine solche Forderung als übertrieben ansieht, der sei darauf hingewiesen, daß in unseren Landen einst auch die Kernenergie, damals noch als *„Atomenergie“* bezeichnet, über ein eigenes Ministerium verfügte.

Sonnenenergie-Ministerien hätten im übrigen seit langem ihre Existenzberechtigung. Ihr Aufgabengebiet könnte bereits heute gewaltig sein. Allein die Koordination der Forschungsvorhaben zwischen den zahlreichen relevanten Instituten und der Industrie wären Grund genug, derartige Ministerien ins Leben zu rufen. Auch eine Kooperation mit den entsprechenden Kultusministerien wäre von Interesse, damit auch an den Hochschulen sonnenenergiebezogene Fachrichtungen entstünden. Solarenergie-Ingeneure mit dem Titel eines Dipl. Sol. oder Dr. Sol. wären durchaus denkbar. Als Übergangslösung mag man sich mit einem Aufbaustudium für Diplomingenieure begnügen.

Als Ergänzung zu den genannten Aktivitäten auf nationaler und internationaler Ebene wären Impulse aus Wirtschaft, Technik und Wissenschaft erforderlich. Sonnenenergie-Messen und Sonnenenergie-Museen wären wichtige Einrichtungen, um diese Energieform ins Bewußtsein der breiten Öffentlichkeit zu bringen.

Im Verlagsbereich wäre etwa eine Sonnenenergie-Marke denkbar, die jedes beliebige Buch in ein *„Sonnenenergie-Buch"* umwandelte. Eine solche Marke könnte den Verlagen beispielsweise vom Börsenverein des Deutschen Buchhandels in den verschiedensten Preisklassen angeboten werden, damit jeder Verlag seine Bücher je nach seiner finanziellen Leistungsfähigkeit damit schmücken könnte. Der Erlös aus den Marken würde einer gemeinnützigen Organisation zur Unterstützung der Sonnenenergie zufließen.

Aktivitäten dieser und ähnlicher Art würden den Reifeprozeß fördern, der für die Durchsetzung einer globalen Sonnenenergie-Konzeption durch *„Druck von unten"* erforderlich wäre. Auch für die Politiker wäre ein solcher Druck hilfreich, da sie in ihren Entscheidungen keineswegs so frei sind, wie man gemeinhin glaubt. Auch ihnen sind die Hände vielfach gebunden, und sie würden es gewiß begrüßen, wenn sie durch den Druck der *„Straße"* gezwungen würden zu handeln, wie es ihnen nicht die Kernenergie-Lobby, sondern ihr Gewissen vorschreibt. Daß ein solcher Druck Erfolg haben kann, zeigt sowohl das Beispiel von Wackersdorf als auch das Beispiel der vormaligen DDR. Erforderlich ist allerdings eine geduldige Basisarbeit unter Zusammenwirkung zweier einander ergänzender Kräfte: Der Kraft des Geistes und der Kraft der Stimme des Mannes von der Straße. Das neugriechische Sprichwort „φωνὴ λαοῦ ὀργὴ Θεοῦ" (*„Die Stimme des Volkes ist der Zorn Gottes"*) weist hier die Richtung.

Literatur

1. Mouchot, A.: Die Sonnenwärme und ihre industriellen Anwendungen, Olynthus Verlag, Oberbözberg/Schweiz (Reprint, 1987)
2. BINE: Erneuerbare Energiequellen, Rationelle Energieverwendung, C. F. Müller Verlag, Karlsruhe, 1989
3. Altop: Das alternative Branchenbuch, Altop Verlag, München, 1989
4. Karamanolis, S.: Alles über Solarzellen, Elektra Verlag, Neubiberg b. München, 1988
5. Karamanolis, S.: Das ABC der Sonnenenergie, Elektra Verlag, Neubiberg b. München, 1988
6. Karamanolis, S.: Sonnenenergie - Ausweg aus dem Öko-Energie-Dilemma, Elektra Verlag, Neubiberg b. München, 1991
7. Michaelis, H.: Handbuch der Kernenergie, Bd. I, dtv-Verlag, München, 1982
8. Schultze, H. (Red.): Energie für die Zukunft, Umschau Verlag, Frankfurt, 1974
9. Kohler/Leuchtner/Müschan: Sonnenenergie-Wirtschaft, Fischer Verlag, Frankfurt, 1987
10. Bauerschmidt, R.: Kernenergie oder Sonnenenergie, C.H. Beck Verlag, München, 1985
11. Bauch, W.: Gefahr für unser Klima. Wege aus der CO_2-Bedrohung durch sinnvollen Energieeinsatz, C.F. Müller Verlag, Karlsruhe, 1982
12. Meyer-Abich, K.M. (Hrsg.): Energieeinsparung als neue Energiequelle, C. Hanser Verlag, München, 1979
13. Lovins, A.B.: Sanfte Energie, Rowohlt Verlag, Reinbek b. Hamburg, 1978
14. Bürresch, M.: Photovoltaic Energy Systems, Mc-Graw-Hill Book Co., Hamburg, 1983
15. SERI: Basic Photovoltaic Principles and Methods, Van Nostrand Reinhold Co., New York, 1984
16. Scheer, H. (Hrsg.): Die gespeicherte Sonne, Piper Verlag, München, 1987
17. Winter, C.-J./Nitsch, J.: Wasserstoff als Energieträger. Technik, Systeme, Wirtschaft, Springer Verlag, Berlin, 1986
18. Goetzberger, A./Wittwer, V.: Sonnenenergie, Teubner Verlag, Stuttgart, 1986
19. Fricke,J./Borst, W.L.: Energie, Lehrbuch der physikalischen Grundlagen, Oldenburg Verlag, München, 1981
20. BMFT (Hrsg.): Energie-Forschung und Technik, TÜV-Rheinland Verlag, 1985
21. BMFT: Erneuerbare Energien - Stand, Aussichten, Arbeitsziele, Bonn, 1987
22. Scheer, H. (Hrsg.): Das Solar-Zeitalter, C. F. Müller-Verlag, Karlsruhe, 1989
23. Weber, R.: Der saubere Brennstoff. Der Weg zur Wasserstoffwirtschaft, Olynthus-Verlag, Oberbözberg/Schweiz, 1989
24. Tributsch, H.: Rückkehr zur Sonne. Wasserstoff - Die Energie unserer Zukunft, Springer Verlag, Berlin, 1979
25. Hau, E.: Windkraftanlagen. Grundlagen, Technik, Einsatz, Wirtschaftlichkeit, Springer Verlag, Berlin, 1988

Firmeninformationen

1. TST, Industriestr. 29, 2000 Wedel
2. Siemens Solar GmbH, Buchenallee 3, 5060 Bergisch-Gladbach 1
3. VARTA Batterien AG, Am Leineufer 51, 3000 Hannover 1
4. Sun Power Solartechnik GmbH, Oeder Weg 159, 6000 Frankfurt/M 1
5. IBC, Postfach 1107, 8623 Staffelstein
6. P. Eich KG, Obere Bahnstr. 56, 7080 Aalen
7. Ing.-Büro für Solartechnik, Schillerstr. 19, 7900 Ulm
8. Soltec Solaranlagen, Winterbergstr. 2, 6600 Saarbrücken
9. Technik & Design für PV, Adersstr. 93, 4000 Düsseldorf 1
10. Terra Natura, Hauptstr. 69, 8462 Neunburg vorm Wald
11. Johann Winner, Sonnenberg Solartechnik, Einberg 70, 8311 Buch am Erbach
12. Solar-Wasserstoff Bayern GmbH, Nymphenburger Str. 39, 8000 München 2
13. Solarkraft GmbH, Dorfbachweg 10, 8621 Weidhausen
14. Sunset Energietechnik GmbH, Industriestr. 22, 8555 Adelsdorf
15. Bomin Solar, Industriestr. 8, 7850 Lörrach
16. MBB, Postfach 801 109, 8000 München 80
17. Thermo Solar, Regensburg
18. Deutsche Forschungsanstalt für Luft- und Raumfahrt, Pfaffenwald 38-40, 7000 Stuttgart 80
19. Lurgi AG, Lurgiallee 5, 6000 Frankfurt/M
20. Shell AG, Überseering 35, 2000 Hamburg 60
21. Hüls AG, Postfach 1320, 4370 Maul
22. Schüco Int. KG, Industriestraße 12, 8857 Wertingen/Bayern
23. Nukem GmbH, Industriestraße 13, 8755 Alzenau
24. Heliotronic GmbH, Postfach 1129, 8263 Burghausen
25. Phototronics Solartechnik GmbH, Hermann Oberth Straße 9, 8011 Putzbrunn
26. RWE, Kruppstraße 5, 4300 Essen 1
27. Linde AG, Karl-v.-Linde-Straße 6-14, 8623 Höllriegelskreuth
28. Daimler-Benz AG, Postfach 800230, 7000 Stuttgart 80

Institute / Institutionen

1. Eurosolar, Vereinigung für das solare Energie Zeitalter e.V., Postfach 120618, 5300 Bonn 2
2. Deutscher Fachverband Solarenergie e.V., Hindenburgallee 1, 8017 Ebersberg
3. Deutsche Gesellschaft für Sonnenenergie e.V. (DGS) Augustenstraße 79, 8000 München 2
4. Bundesverband Solarenergie (BSE), Kruppstraße 5, 4300 Essen 1
5. Umschalten e.V. der Selbsterzeuger von umweltfreundlichem Strom, Grundstraße 17, 2000 Hamburg 20
6. Bund der Energieverbraucher, Josefstraße 24, 5342 Rheinbreitbach
7. Fraunhofer-Institut für Solare Energiesysteme, Oltmannstraße 22, 7800 Freiburg
8. DLR, Linder Höhe, 5000 Köln 90
9. Deutscher Wetterdienst, Postfach 100465, 6050 Offenbach a.A.
10. Forschungsverbund Sonnenenergie, c/o DLR, Linder Höhe, 5000 Köln 90
11. Österreichische Gesellschaft für Sonnenenergie und Weltraumfragen (ASSA), Garnisongasse 7, A-1090 Wien
12. Schweizerische Vereinigung für Sonnenenergie (SSES), Belpstraße 69, CH-3007 Bern

Sachregister